dtv

W0035392

Was kostet ein Asteroid für den Eigenbedarf? Wie schmeckt Erde? Können Drachen Feuer speien? Schützen Gummihandschuhe an der Wursttheke Verkäufer, Wurst oder Kunden? Diese und viele weitere existenzielle Fragen um das Leben im All und auf der Erde beantworten die Science Busters fundiert, absolut verständlich und mit sehr viel Witz. So wird ganz nebenbei viel Wissenswertes vermittelt. Ratschläge für die Planung der Übersiedlung auf den Mars fehlen ebenso wenig wie die durchaus ernsthafte Betrachtung aktueller Probleme wie Klimawandel oder Tierversuche. Und zwischendurch gibt es auch amüsante Anregungen zu eigenen Experimenten.

Martin Puntigam, geboren 1969 in Graz, mehrfach ausgezeichneter Kabarettist, Schauspieler, Lektor an der Universität Graz, Autor für Film, Funk und Fernsehen gründete 2007 die Science Busters mit. Der Astronom *Florian Freistetter*, geboren 1977 in Krems, arbeitet als freier Wissenschaftsautor. Sein Science Blog Astrodicticum simplex zählt zu den meistgelesenen Wissenschaftsblogs in deutscher Sprache. *Helmut Jungwirth*, geboren 1969 in Graz, Molekularbiologe, ist Professor für Wissenschaftskommunikation (der erste seiner Art in Österreich) und wissenschaftlicher Leiter des Geschmackslabors an der Universität Graz.

WARUM LANDEN ASTEROIDEN IMMER IN KRATERN

SCIENCE BUSTERS

Puntigam · Freistetter · Jungwirth

33 Spitzenantworten
auf die 33
wichtigsten Fragen
der Menschheit

Ausführliche Informationen über
unsere Autoren und Bücher
www.dtv.de

Die Science Busters bei dtv:
Gedankenlesen durch Schneckenstreicheln (34825)
Das Universum ist eine Scheißgegend (34910)

Ungekürzte Ausgabe 2019
dtv Verlagsgesellschaft mbH & Co. KG, München
Lizenzausgabe mit Genehmigung des Carl Hanser Verlags München
© Carl Hanser Verlag München 2017
Textnachweis S. 99: Weil I Immer No An Engerl Glaub, M & T: Helmut
Frey, Guenther Sigl, Harald Steinhauer
© SMPG Publishing (Germany) GmbH
Illustrationen und Layout: Büro Alba, München
Umschlaggestaltung: dtv nach einem Entwurf von Peter-Andreas Hassiepen
unter Verwendung einer Illustration von Tina Strobel-Rother/bueroalba,
München/www.bueroalba.de
Satz: Fotosatz Amann, Memmingen, nach der Gestaltung und unter
Verwendung von Illustrationen von Büro Alba
Druck und Bindung: CPI books, GmbH, Leck
Gedruckt auf säurefreiem, chlorfrei gebleichtem Papier
Printed in Germany · ISBN 978-3-423-34961-1

✗ ✗ ✗ ✝

Für Heinz Oberhummer

Die Science-Busters-Familie ist gewachsen, das Konzept gleich-geblieben: Wissenschaft für alle auf hohem performativen, wissen-schaftlichen und humoristischen Niveau. Aus der »schärfsten Boy-group der Milchstraße« wurde die »Kelly Family der Naturwissen-schaften«. Neu im Team:

Elisabeth Oberzaucher, Verhaltensbiologin an der Universität Wien, Wissenschaftliche Direktorin von Urban Human, 2016/17 Gast-professur an der Uni Ulm, wurde 2015 mit dem Ig-Nobelpreis für Mathematik ausgezeichnet.

Martin Moder, Molekularbiologe am Forschungszentrum für Mole-kulare Medizin Wien, 2014 erster Science-Slam-Europameister der Welt, schaut sich gerne das Gehirn von Fruchtfliegen an.

Gunkl alias *Günther Paal*, Kabarettist und, was die wenigsten wissen und somit die meisten nicht, leidenschaftlicher Damaszenerklingen-schmied und Nebenerwerbsmetallurge. Behangen mit Salzburger Stier, Prix Pantheon und Deutschem Kleinkunstpreis.

Peter Weinberger, Priv. Dozent für anorganische Chemie und Leiter der Forschungsgruppe für »Magneto- and Thermochemistry« der TU Wien.

Die Bücher der Science Busters, *Wer nichts weiß, muss alles glauben*, *Gedankenlesen durch Schneckenstreicheln* und *Das Universum ist eine Scheißgegend,* waren Bestseller und Wissensbücher der Jahre 2013 und 2016, für ihre Bühnenshow wurden sie zuletzt 2016 mit dem Deutschen Kleinkunstpreis ausgezeichnet. Seit 2011 bestreiten sie eine eigene TV-Show im ORF und auf 3sat, im Januar 2018 wird die bereits sechste Staffel zu sehen sein. Für FM4 haben sie seit 2007 über 500 Radiokolumnen gestaltet.

Autoren des in Ihren Händen befindlichen Prachtbandes:

Martin Puntigam, Autor für Film, Druck, Funk und Fernsehen, mit sage und schreibe zwölf Preisen ausgezeichneter Kabarettist, Gründungsmitglied und seitdem hautenger MC der Science Busters feat. Purpur, seit 2016 Universitäts-Lektor an der Karl-Franzens-Universität Graz. Initiator des seit 2016 jährlich vergebenen Heinz Oberhummer Awards für Wissenschaftskommunikation.

Florian Freistetter, Astronom, sein Science Blog *Astrodicticum simplex* zählt zu den meistgelesenen Wissenschaftsblogs in deutscher Sprache, sein Podcast *Sternengeschichten* zu den meistgehörten. Autor mehrerer Bücher, u. a. des Wissenschaftsbuches 2014 *Der Komet im Cocktailglas* und von *Newton – Wie ein Arschloch das Universum neu erfand*, Koautor des Buches *Das Universum ist eine Scheißgegend*, seit September 2015 fester Bestandteil der Science Busters und offizieller Botschafter der Zahl Pi.

Helmut Jungwirth, Professor für Wissenschaftskommunikation (der erste seiner Art in Österreich) und wissenschaftlicher Leiter des Geschmackslabors an der Karl-Franzens-Universität Graz. Das Spezialgebiet des Molekularbiologen ist Erde, genauer: deren Geschmack und Verkochbarkeit. Gemeinsam mit dem Schweizer Koch Rolf Caviezel hat er ganze Erd-Menüs kreiert.

Mit maßgeblichen Beiträgen von Elisabeth Oberzaucher, Peter Weinberger, Martin Moder und Gunkl.

Inhalt

VORWORT

Warum fressen Enten, nicht aber Hühner, abgeschnittene Menschen-Penes, umgangssprachlich *Penisse?* Weshalb sollten wir den Mond über Kopf und durch die eigenen Beine betrachten? Und was treibt Plattwürmer in Einzelhaft zum *Selfing?* Das alles könnte mensch launig bis friedlich zwischen Experiment und Aufklärung erläutern. Könnte. Die saucoolen *Science Busters,* in Österreich seit zehn Jahren für ihr wissenschaftliches Bühnenprogramm nebst fetziger Fernsehsendung bekannt, machen es aber, auch in diesem Buch hier, anders. Denn jedes Mal, wenn sich beim Lesen der ›Ahso, das merke ich mir jetzt mal‹-Modus einschaltet, haut es einem eine neue und schräge Wendung ums Gehirn. Dass der Mond eine faule Sau ist und das Universum eine Scheißgegend, erschließt sich den naturwissenschaftlich angefixten Leser*innen wohl noch mühelos. Anders sieht es aus, wenn es ums Käseklopfen geht oder warum wir vergessen, was wir gerade wollten, wenn wir das Zimmer wechseln. Die Erklärungen der *Busters* dazu sind nicht nur naturwissenschaftlich solide, sondern auch aktuell: Forschungsstand ist das aktuelle Jahr. I like.

Den einen oder anderen Kasper haben die Jungs natürlich gefrühstückt. Darum nennen sie sich ja auch Kabarettisten. Doch sie sind mehr. Dass der Planet Mars sich entlang ausgelegter Leckereien zur Sonne naschen könnte, dass Asteroiden bei planetaren Rochaden hüpfen sowie das Gedankenbild, dass die mögliche Engelsmenge auf einer Nadelspitze beherrschbar wird, sobald man annimmt, dass die Flügelwesen Säuger sind (was sie laut bildlicher Überlieferung sein müssten), erfordert eher das Gemüt achtjähriger Höchstbegabter, die jeweils einen guten Schuss Synästhesie und Asperger eingestrudelt haben. Hoffentlich sind Sie, liebe Leser*innen, genauso vergnügt unerwachsen wie die Autoren dieses Buches. Falls nicht, dann können Sie es jetzt ja zumindest mal ausprobieren.

Denn was hier als Quatsch anschwemmt, ist eher Gedanken- und Experimentejonglage, genauer gesagt: vernetztes oder Querdenken. Da die Texte so schön formuliert sind, funktionieren sie auch. Anstatt etwa die für Nobelpreise schon vorreservierten Forschungen zu CRISPR und Hawking-Strahlung zu detaillieren, berichten die Busterjungs zum Schein erst mal von Mücken und knutschenden Partygästen. Sekunden später geht es dann aber doch um CRISPR und Hawking-Strahlung – sicher nur ein verrückter Zufall. ;)

Nun sind die *Busters* nicht die Ersten, die sich mit prüfbaren Tatsachen von hinten durchs Fensterkreuz anschleichen. Da sie das aber erstens massiv unpädagogisch machen (Leser*innen sollten beispielsweise Fürze nicht fürchten, denn diese, also die Fürze, kommen im Buch des Öfteren vor), zweitens erkennbar vor allem selbst Spaß haben und sich nicht durch einen Lehrplan quälen sowie drittens die Auswahl ihrer Themen wilder und bunter ist als eine österreichische Bergwiese im Sommerwind, legen sie die Lernlatte so, dass gewöhnliche Pädagog*innen mit dem Kopf dagegenrennen werden. Harr!

Was mir außerdem noch gefällt: die lustigen Worte im Text. Was mögen wohl eine strenge Kammer, Mistkübel, Ungustl, Krawallschanis und Sprühpizza sein? Tja. Einen guten Jesus-Witz gibt's im Buch übrigens auch. Dieser ist – es war nicht anders zu erwarten – nicht etwa beliebig eingestreut, sondern sauber aus dem Zusammenhang des Artikels entwickelt, in dem der Heiland dann erscheint. Dieser zusammenhangsreiche Artikel wiederum handelt davon, dass und warum wir uns Dinge aus dem Zusammenhang heraus merken. Sie verstehen? Nein? Später geht es um Fettlachse, das Klima und Deo-Stifte.

Wer das Bustersbuch gelesen hat, ist schlauer, lustiger, vernünftiger *und* verrückter als vorher. Gleichzeitig lässt ersiees sich weder von Scharlatanerie noch Gelsen foppen, wird Neutronensterne noch cooler finden und Waldboden wenn, dann nur noch ganz bewusst verspeisen. Freuen Sie sich auf tollkühne, aktuelle, lustige und lässige Berichte aus den Naturwissenschaften.

Herzlich Ihr –
Mark Benecke

Mark Benecke ist Sachverständiger für kriminalbiologische Spuren. Seit fast zwanzig Jahren läuft jeden Samstagmorgen sein Live-Wissenschafts-Podcast im deutschen öffentlich-rechtlichen Sender radioeins aus Berlin/Brandenburg.

01

»Wie super ist
der Supermond?«

Kurze Antwort:

--→ So super, wie Sie ihn gerne hätten. ✓

Lange Antwort:

--→ In der Welt der Superhelden gibt es nicht nur Superman, sondern auch Supergirl, warum soll es dann im Weltall neben Supererde nicht auch Supermond geben? Der Mond an sich ist ja schon ein beeindruckender Anblick – wie toll muss dann erst ein Supermond sein? Nur, was macht den Mond wann super, und wann ist er nur Clark Kent?

Als Supermond bezeichnet man den Vollmond, oder auch Neumond, wenn er sich gerade ganz besonders nahe an der Erde befindet. Wie nahe ist besonders nahe, und warum macht der Mond das? Die Bahn des Mondes um die Erde ist keine exakte Kreisbahn, sondern beschreibt eine Ellipse. Der Punkt der Bahn, an dem der Mond der Erde am nächsten kommt, wird Perigäum genannt, der erdfernste Punkt Apogäum. Das ist würdig und recht, denn *geo* bedeutet Erde, *peri* um herum und *apo* weg. Diese Punkte sind aber nicht fix, da die Bahn des Mondes sich aufgrund der gravitativen Störungen der Erde und anderer Himmelskörper im Laufe der Zeit ändert. Im Mittel ist das Perigäum 363 296 Kilometer von der Erde entfernt. Es kann sich aber auch auf 356 400 Kilometer nähern bzw. auf 370 300 Kilometer entfernen. Das Apogäum ist im Mittel 405 504 Kilometer entfernt, kann sich aber auch grob 1000 Kilometer näher oder 1000 Kilometer ferner befinden. Supermond gibt es also im Perigäum, wenn gerade Voll- oder Neumond zu beobachten sind.

Angeblich soll der Mond als Supermond dann besonders groß am Himmel erscheinen. So ist es zumindest immer wieder in Zeitungen zu lesen. Der Mond selber liest aber offenbar nicht dieselben Gazetten wie wir und weiß deshalb nichts davon, dass er ausgerechnet dann besonders groß am Himmel erscheinen soll. Der scheinbare Durchmesser des Vollmondes ändert sich im Laufe eines Jahres ständig. Eben weil die Bahn des Mondes um die Erde eine Ellipse und kein Kreis ist, ist er mal weiter, mal weniger weit entfernt, und daher erscheint er uns auch immer unterschiedlich groß.

Diese Größenunterschiede sind aber vergleichsweise unbedeutend. Betrachtet man den Mond an seinem erdfernsten Punkt, und vergleicht das mit dem erdnächsten Punkt, dann beträgt der scheinbare Größenunterschied ungefähr 14 Prozent. Das ist in etwa der Größenunterschied zwischen einer 1- und einer 2-Euro-Münze. Das ist eine Differenz, die man mit freiem Auge bemerken könnte, es aber so gut wie nie tut. Warum? Weil man dafür Übung in der Himmelsbeobachtung braucht und ein sehr gutes Gefühl für die Größenverhältnisse. Sonst ist der Mond halt der Mond, und man wird keinen besonderen Unterschied sehen.

Wenn wir ihn überhaupt sehen, denn bei bedecktem Himmel kann sich der Mond herausputzen wie er will, niemand schaut hin, egal ob Peri- oder Apogäum, da kann er genauso gut nackt aufgehen und unrasiert über den Himmel ziehen und hinten an der Hose klebt ein Streifen Klopapier und flattert im Nachtwind. Nur wenn man Fotos vergleicht, hat man auch als Laie die Chance, den Größenunterschied zu erkennen. Das gilt noch mehr – also natürlich kann etwas nur Geltung besitzen oder nicht, da haben Sie recht, aber umgangssprachlich gesagt giltet es noch mehr –, wenn man zwei direkt aufeinanderfolgende Vollmonde vergleicht. Da ist der Unterschied nie größer als 1,3 Prozent, und das merkt man dann wirklich nicht mehr. Und das ist noch nicht alles.

Die Sache wird noch ein wenig komplizierter, wenn man die Mondtäuschung berücksichtigt. Der Mond ändert seine scheinbare Größe nicht nur, weil er der Erde manchmal näher ist und manchmal weiter entfernt. Es gibt auch noch einen Effekt, der nur in unserer Wahrnehmung stattfindet, eine optische Täuschung, die dafür sorgt, dass uns ein Vollmond sehr viel größer erscheint, wenn er nahe dem Horizont steht, als wenn wir ihn hoch am Himmel sehen. Das hat aber nichts mit seinem Abstand zur Erde oder einem »Supermond« zu tun, sondern mit unserem Gehirn. Warum das genau passiert, ist noch immer nicht endgültig geklärt, aber es gibt ein Mittel, diese Täuschung zu überlisten. Wenn man sich vorbeugt und den Mond kopfüber durch seine Beine betrachtet, kann das Gehirn nicht alles so schnell umrechnen, und der Mond hat seine wahre Größe. Das heißt, wenn man bei Vollmond nachts mehrere Menschen kopfüber mit dem Kopf zwischen den Beinen beobachtet, dann kontrollieren die nicht, ob es im Schritt schon riecht, sondern wollen den Mond in seinen richtigen Ausmaßen sehen. Oder beides.

Supermond kommt übrigens nicht dramatisch selten vor. Dazu muss man sich nur ansehen, wann der Mond wo zu stehen kommt. Der Zeitraum, der vergeht, bis der Mond von der Erde aus gesehen wieder die gleiche Phase zeigt wie zuvor, also etwa zwischen einem Vollmond und dem nächsten, wird synodischer Monat genannt und beträgt 29,53 Tage. Betrachtet man den Zeitraum, der vergeht, bis der Mond wieder genau den gleichen Punkt entlang seiner Bahn erreicht, sind das aber nur 27,55 Tage. Das wird anomalistischer Monat genannt. Für einen »Supermond« müssen wir beide Perioden betrachten, denn es geht ja um den Zeitraum, der vergeht, bis der Mond wieder die gleiche Phase und die gleiche Position seiner Bahn einnimmt, also zeitgleich wieder voll ist und im erdnächsten Punkt steht.

Man sucht dazu einen Zeitraum, der sich sowohl durch eine ganze Zahl von synodischen als auch durch eine ganze Zahl von anomalistischen Monaten teilen lässt. In diesem Fall sind das knapp 413 Tage. 14 synodische Monate entsprechen 413,43 Tagen, 15 anomalistische Monate 413,32 Tagen. Es dauert also höchstens ein Jahr und 48 Tage, bevor sich ein »Supermond« wiederholt. Das ist nicht einmal für ein Menschenleben sehr lange, und für einen Mond, den es immerhin schon ein paar Milliarden Jahre gibt, erst recht nicht. Außerdem ist das die längste Zeit zwischen zwei Supermonden. Es geht auch deutlich kürzer. Wenn zu Vollmond das Perigäum der Erde gerade besonders nahe ist, dann können auch die Vollmonde im Monat davor und danach »Supermonde« sein; es kann also bis zu drei »Supermonde« in den 413 Tagen geben. Und das ist dann schon öfter als Weihnachten und Ostern zusammen, was schon jeweils für sich nicht besonders selten anfällt.

Der »Supermond« ist also weder besonders groß noch besonders selten. In der Astronomie würde man das Ereignis als ein spezielles Syzygium bezeichnen. So wird jede Konstellation genannt, bei der Sonne, Mond und die Erde in einer Linie stehen. Und genau das passiert ja bei einem Vollmond oder Neumond. Im ersten Fall steht die Erde zwischen Sonne und Mond, und im zweiten Fall steht der Mond zwischen Sonne und Erde. Ein »Supermond« ist also ein Perigäum-Syzygium. Was daran super sein soll, weiß niemand so genau, und folglich handelt es sich bei »Supermond« auch nicht um einen astronomischen Fachausdruck, sondern einen astrologischen, erfunden vom US-amerikanischen Sterndeuter Richard Nolle.

Der wollte, wie es sein Beruf nahelegt, aber überhaupt nichts Wissenschaftliches damit bezwecken, sondern einfach ein bisschen in der Gegend herumwarnen, wie das Astrologen gerne machen, wenn der Tag lange ist. Angeblich soll ein »Supermond« extreme gravitative Störungen auf die Erde ausüben und so extreme Stürme, extreme Erdbeben, Vulkanausbrüche und andere Katastrophen auslösen. Dass das nicht der Fall ist, lässt sich durch die vorhandenen Aufzeichnungen leicht belegen. Die Gezeiten können ein wenig stärker ausfallen als sonst, wenn der Mond sich besonders nahe an der Erde befindet, aber wenn dann nicht auch noch das Wetter mit Stürmen für zusätzliche Flut sorgt, passiert nicht viel.

Wie der Vollmond überhaupt nichts anderes kann als der Neumond oder irgendein dazwischen teilweise beschienener Mond. Der Mond ist immer derselbe, ein annähernd kugelförmiger Felsen mit einem Durchmesser von rund 3500 Kilometern in einer Entfernung von knapp 400 000 Kilometern. Auch sein Licht ist zu keiner Zeit irgendetwas Besonderes. Der Mond leuchtet bekanntlich nicht einmal, das macht die Sonne, der Mond ist eine faule Sau, lässt sich anscheinen und reflektiert nur. Und dieses reflektierte Licht sehen wir, manchmal mehr, manchmal weniger. Alles, was Mondlicht machen können soll, müsste also Sonnenlicht um ein Vielfaches besser können. Dass deshalb verschiedene Tätigkeiten zu verschiedenen Zeiten des Mondzyklus besser oder schlechter gelingen sollen, ist genau aus diesem Grund natürlich ausschließlich esoterischer Unsinn. Das sieht man schon daran, welche Tätigkeiten in Mondkalendern in der Regel Berücksichtigung finden. Mehrheitlich handelt es sich um altmodische, eigentlich antimoderne Ratschläge, vielfach für einfache, bäuerliche Arbeiten: wann man säen soll und wann ernten, zu welchem Zeitpunkt das Haupthaar beim Schneiden mithilft und wann einem Baum das Umgeschnittenwerden am besten gefällt. *Ich und mein Holz* ist nämlich auch in der Esoterik ein Hit, aber leider ohne Ironie. Kaum einmal findet man zeitgemäße Tipps, etwa wann ein Festplatten-Back-up in die Cloud ansteht, welcher Zeitpunkt für Tierversuchsreihen im Labor am günstigsten liegt oder ob man DNA eher bei Vollmond oder Neumond gentechnisch verändern soll. Es gibt nur drei Ausnahmen, im Rahmen derer der

Vollmond auf das Leben der Menschen sehr wohl Einfluss haben kann. Erstens spüren Menschen, die Vollmondseminare anbieten, Mondkalender mit speziellem Mondwissen und dergleichen Unfug mehr, den Einfluss des Mondes zum Teil ganz beträchtlich, und zwar auf ihrem Konto. Zweitens kann ein heller Vollmond helfen, wenn man betrunken aus dem Wirtshaus nach Hause torkelt, dass man nicht so oft über Hindernisse stolpert, die man bei Neumond übersehen hätte, und drittens steigt die Gefahr, von Löwen gefressen zu werden, unmittelbar nach Vollmond deutlich. Löwen jagen nämlich angeblich lieber und erfolgreicher im Dunkeln und haben deshalb nach ein paar Tagen Vollmond mehr Hunger als sonst. Das gilt aber natürlich nur, wenn Sie sich Löwen nähern, die in freier Wildbahn leben. Eine ruhig gelegene Altbauwohnung neben dem städtischen Zoo müssen Sie deshalb nicht aufgeben, nur weil der Mond beginnt abzunehmen. ✓

»Warum vergessen wir auf dem Weg von einem Zimmer ins andere, was wir wollten?«

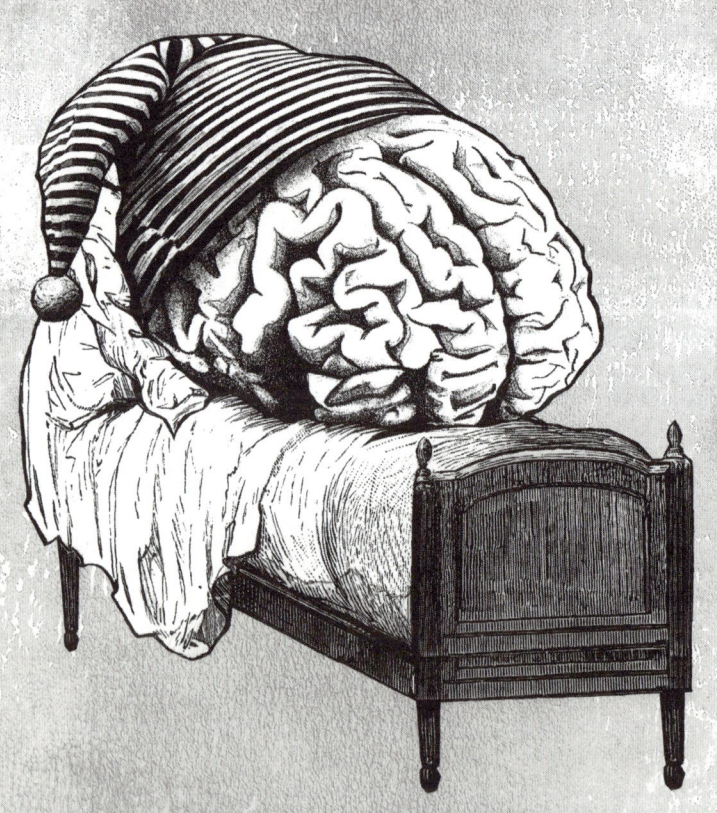

Kurze Antwort:
--→ Äh ... ✓

Lange Antwort:

If the doors of perception were
cleansed every thing would
appear to man as it is, infinite.
William Blake

--→ Die US-amerikanische Rockband *The Doors* hat es nicht sehr lange gegeben, aber ihre Lieder werden noch heute gerne gehört, in Paris am Grab ihres Sängers Jim Morrison liegen täglich frische Blumen, und um ein Haar wären die kalifornischen Krawallschanis auch noch Namensgeber für einen Effekt geworden, den die meisten von uns nicht erst einmal erlebt haben. Leider wurde der Effekt, dass man auf dem Weg von einem ins andere Zimmer manchmal vergisst, was man eigentlich wollte, dann doch nicht »Doors-Effect« genannt, sondern »Doorway-Effect«.

Und leider ist auch das nicht ganz richtig, nach allem, was man heute weiß. Denn die Türen sind nur mittelbar beteiligt daran, dass wir etwas scheinbar Urwichtiges ganz schnell vergessen, wenn wir es holen gehen oder danach suchen. Denselben Effekt kann man auch sitzend beobachten, wenn man etwa am Computer etwas schreibt wie beispielsweise einen Text übers Vergessen, aber zwischendurch auf die Idee kommt, schnell noch etwas zu recherchieren, dafür das

Browserfenster wieder maximiert, das man zuvor in der Taskleiste verschwinden hat lassen, dabei sieht, dass der illegal runtergeladene Film inzwischen vollständig ist und man die torrent-Datei und den Film aus der Bibliothek entfernen sollte, damit man sich nicht durchs Verteilen noch strafbarer macht, wobei es den Komparativ von strafbar gar nicht gibt, schließlich doch beim Browser landet, der leider ein, zwei erstklassige Click Baits im Angebot hat, die aber eine Flut von Pop-up-Fenstern nach sich ziehen, da man nach der letzten Neuinstallation, weil der Browser so oft abgestürzt ist, vergessen hat, den Pop-up-Blocker zu aktivieren, weshalb der Browser sich erneut aufhängt, und bis das blöde Ding wieder startet, der braucht immer so lange, bis er sich im Hintergrund geschlossen hat, und das Öffnen, aha, ist wieder da und hat sich sogar alle vorher offenen Fenster gemerkt, aber was wollte ich eigentlich schauen ...?

Und in so einem Fall hilft es tatsächlich auch, wenn man wieder zum Manuskript zurückwechselt, ganz ohne dass man durch Türen gehen musste, kann man sich plötzlich wieder erinnern: Genau, ich wollte nachschauen, ob es gute Witze übers Vergessen gibt. Vielleicht kann man sie an den Beginn der Beantwortung der Frage stellen »Warum vergessen wir auf dem Weg von einem Zimmer ins andere, was wir wollten?«. Gibt es leider nicht. Also, die Witze. Das Vergessen schon. Bzw. hängt das davon ab, worüber Sie lachen können, der mit den beiden Frauen, die nach einem durchzechten Abend am Friedhof vorbeikommen, könnte manchen gefallen, obwohl es da nur am Rande ums Vergessen geht. Sag ich gleich.

Aber aufpassen, wenn Sie jetzt Ihr Smartphone in die Hand nehmen, dann haben Sie vielleicht inzwischen ein paar Mitteilungen bekommen, die Sie schnell checken, und bevor Sie den besagten Witz nachschlagen können, haben Sie schon wieder vergessen, dass Sie es wollten. Und dann sind die beiden Frauen längst zu Hause, die brauchen ja auch nicht ewig am Friedhof. Was wir wissen, hängt nämlich unter anderem davon ab, wo wir sind. Das klingt ein wenig kryptisch, lässt sich aber leicht erklären. Man nennt das auch situiertes Gedächtnis, denn eigentlich vergessen wir Dinge nicht, sondern wir verändern vor allem die Abrufbereitschaft der Inhalte.

Was in unserem Gehirn im Arbeitsspeicher bereitgehalten wird, so kann man den präfrontalen Cortex bezeichnen, der, wie der Name sagt, falls Sie Latein können, hinter der Stirn sitzt im vorderen Teil des Gehirns, äh, wo war ich? Kleiner Scherz. Was dort bereitgehalten wird, sind idealerweise Sachen, die man unmittelbar braucht, und nicht irgendwelches unnützes Wissen, das nur ablenkt. Wenn Sie über die Straße gehen wollen, weil die Ampel gerade auf Grün geschaltet hat, dann ist es aktuell für Sie nicht sehr wichtig, dass in der Regel Punktrechnung vor Strichrechnung kommt. Man kann sich unser Gehirn, unser Gedächtnis ein wenig so vorstellen wie ein gut aufgeräumtes Regal, wo jeder Gedächtnisinhalt seinen Platz hat. Zumindest meistens. Tatsächlich hilft uns der Ort, an dem wir uns aufhalten, dabei, eine Vorauswahl aus unserem gesamten Repertoire zu treffen, und beschleunigt so die Auswahl des passenden Verhaltens für die zu bewältigende Situation.

Also, Punktrechnung vor Strichrechnung schafft es an der Ampel nicht einmal in die engere Vorauswahl, einen Fuß vor den anderen und links und rechts schauen vor dem Losgehen schon eher. Müsste man nämlich immer erst alle Optionen durchackern, die wir grundsätzlich zur Verfügung haben, und das Verhaltensrepertoire des Menschen ist sehr groß, dann wäre es längst wieder rot, bevor wir nur die geringste Entscheidung getroffen hätten. Befände sich die Fußgängerampel an einem malerischen Sandstrand in der Karibik und beim Warten würden kleine Snacks und Cocktails serviert, während einem regelmäßig jemand Rücken und Schultern mit Sonnencreme einschmierte, um einen Sonnenbrand zu vermeiden, dann könnte man eventuell eine Zeit lang damit leben. Aber das ist leider

nur ausgesprochen selten der Fall. Deshalb treffen wir ganz automatisch eine Vorauswahl. Und der Raum oder die Umstände beeinflussen die Hirnleistung. Immer wenn wir in eine bestimmte Umgebung
kommen, löst das ein sogenanntes Handlungsskript aus, anhand
dessen wir uns orientieren. Wenn wir in ein Büro kommen, dann
erwarten wir dort einen Schreibtisch mit Stühlen. In einer Küche
erwarten wir eine Spüle und einen Kühlschrank. In einer strengen
Kammer, okay, da ist die Sache individueller, aber Sie verstehen, was
gemeint ist. Grundsätzlich passt sich unsere kognitive Orientierung
so an, damit wir nicht immer jeden Raum neu durchdenken müssen.
Deswegen schweigen wir in einem Konzertsaal oder grölen im Fuß-
ballstadion. Oder umgekehrt, je nach Spielstand oder Musik.

Könnten wir keine Vorauswahl treffen, würden wir quasi vor jeder
Aktion den gesamten Brockhaus von vorne bis hinten durchlesen.
Wir können es aber, und das erlaubt es uns, nur den einen gerade relevanten Band aus dem Regal zu holen. Das ist noch immer nicht
absolut treffsicher, es gibt noch immer eine erkleckliche Auswahl,
aber sie ist viel geringer als ohne Vorsortierung. Dadurch werden
wir um einiges effizienter in der Entscheidungsfindung. Falls Sie
nicht mehr wissen, was ein Brockhaus ist, gratuliere ich zu Ihrer
Jugend, genießen Sie sie, sie geht vorbei und dann wird das, was
Sie heute für Allgemeinwissen halten, den dann jungen Menschen
ebenfalls nichts mehr sagen. Können Sie jederzeit in Wikipedia
nachschlagen.

Eine ähnliche Funktion wie diese kognitive Vorauswahl haben
übrigens auch unsere Emotionen. Auch sie engen unseren Hand-
lungsspielraum ein, sodass wir schneller agieren können. Deshalb
ist ein Mensch wie Mister Spock aus der TV-Serie Star Trek auch
nicht in der Lage, bessere und schnellere Entscheidungen zu treffen,
weil er sich ausschließlich auf Logik verlässt, sondern würde im
Gegenteil nie auf einen grünen Zweig kommen, weil er immer alle

Einwände berücksichtigen müsste. Auch so einer wäre auf einem karibischen Sandstrand mit Fußgängerampel vermutlich besser aufgehoben. Natürlich ist das System der Vorauswahlen nicht perfekt, und manchmal gehen auf diese Weise Dinge verloren, die wir eigentlich noch gut brauchen könnten. Deshalb fällt uns diese Funktionsweise unseres Gehirns erst auf, wenn es zu Fehlern kommt. Wenn wir also aufgrund dieser Ortsabhängigkeit des Gedächtnisses vergessen, warum wir da sind, wo wir sind. Glücklicherweise haben wir dafür intuitiv die richtige Lösung und gehen dorthin zurück, wo wir uns zuletzt erinnert haben, und mit hoher Wahrscheinlichkeit kommt auch die Erinnerung wieder. Aber warum ist das so, warum beeinflusst der Aufenthaltsort das Erinnerungsvermögen?

Dem liegt ein sich veränderndes Gehirn zugrunde. Der Ort, an dem wir uns gerade aufhalten, beeinflusst unser Gehirn so stark, dass man das sogar hirnphysiologisch messen kann. Das Gehirn achtet auf unterschiedliche Dinge, je nachdem, in welchem Raum wir uns befinden. Man kann etwa messen, dass wir gewöhnliche Gegenstände in einem Raum, etwa also einen Laptop auf einem Schreibtisch oder einen Mistkübel in der Ecke, kaum wahrnehmen, obwohl wir ihn sehen. Umgekehrt fallen uns gewöhnliche Objekte an ungewöhnlichen Orten besonders auf, weil das Gehirn überrascht wird. Etwa ein Mistkübel auf einem Schreibtisch oder ein Laptop in der Ecke.

Das gleiche Prinzip gilt aber eben nicht nur für Objekte, sondern für jede Art von Gedankeninhalt. Eine bestimmte Umgebung fördert das Framing für einen bestimmten Gedanken. So nennt man das. Kein Gedanke kann unabhängig von der Umgebung gesehen werden. Denn nur im Kontext merken wir uns Dinge. Deswegen schneiden Leute bei Prüfungen besser ab, wenn sie sie an dem Ort schreiben, an dem sie in der Vorlesung auch immer gesessen sind. Deswegen merken wir uns den Inhalt von Hardcover-Sachbüchern besser als denselben Inhalt in E-Books. Das gilt zumindest für die Menschen, die noch wissen, was ein Brockhaus ist. Ob jüngere Menschen, sogenannte Digital Natives, dieses Problem nicht mehr haben werden, bleibt noch abzuwarten.

Wenn wir also auf einen Gedanken kommen, dann hatte die Umgebung maßgeblichen Anteil und kann auch als Anker dafür dienen, dass wir den Gedanken mit Ideen und Zielen verknüpfen und festigen. Kommen wir dann plötzlich in einen andersartigen Raum, egal ob eine Türe dazwischenliegt oder nicht, kann unter Umständen diese Verknüpfung nicht mehr aufrechterhalten werden. Auf einmal ist der Gedanke nicht mehr stabil genug und verschwindet. Man hat vergessen, was man wollte. Das passiert dann am häufigsten, wenn sich die Räume stark unterscheiden, ist aber, wie gesagt, meist umkehrbar. Wenn man also zurückgeht, dann kommt der Gedanke oft wie von selber wieder.

Möglicherweise ist das auch der Grund, warum Jesus jedes Jahr zu Weihnachten wieder auf die Erde kommt: weil er nach Ostern auf dem Weg durchs All immer vergisst, was er eigentlich im Himmel wollte. ✓

»**Kann man das Wetter manipulieren?**«

Kurze Antwort:

--→ Seien Sie kein Frosch. ✓

Lange Antwort:

--→ Seit Menschen Geschichten erfinden, kommen darin Götter vor, die es blitzen und regnen lassen können oder die Erdlinge mit Trockenheit quälen. Und kein Menschen- oder Tieropfer konnte diese überirdischen Ungustln verlässlich besänftigen, immer wieder setzte es Sintfluten, Dürrekatastrophen und Eiszeiten. Kein Wunder, dass in den Menschen der Wunsch keimte, dieses Scheißwetter irgendwann unter Kontrolle zu bringen.

Leider ist das nicht ganz so einfach, wie mitunter geglaubt wird. Mitte des 20. Jahrhunderts vermutete man aber, endlich so weit zu sein. Statt Opfer verwendete man Naturwissenschaft, und anfangs scheinbar mit gutem Erfolg. Am 24. Juni 1942 demonstrierten Irving Langmuir und sein Assistent Vincent Schaefer vor einem Publikum aus Politikern und Militärangehörigen, dass sie in der Lage waren, ein ganzes Tal hinter einer künstlichen Nebelwand zu verstecken. Es waren keine echten Wolken, die sie erzeugt hatten, sie verwendeten vielmehr einen Vorläufer der Nebelmaschinen, wie man sie heute von Rockkonzerten kennt, aber es war schnell klar, wozu man so etwas brauchen konnte. Immerhin herrschte damals Weltkrieg, und wenn man einen Angriff der eigenen Soldaten mit künstlichem Nebel vor dem Feind verstecken konnte, war das keine schlechte Sache. Langmuir und seine Kollegen beschäftigten sich von da an weiter mit der Erforschung von Wolken, deren Eigenschaften und der Frage, wie man das Wetter im militärischen Sinne beeinflussen kann. Dass dabei kein Taschenspielertrick zu erwarten war, sondern echte Wissenschaft, dafür stand Langmuir mit seinem Ruf, denn er war nicht irgendwer. Er war Chemiker, erfand etwa eine neuartige Vakuumpumpe, entdeckte, dass man die Lebensdauer von Glühlampen verlängern konnte, wenn man sie mit bestimmten Gasen füllte, entwickelte eine neue Schweißtechnik, arbeitete als einer der ersten Forscher überhaupt mit Plasma, also Gasen, die so heiß sind, dass sich die Elektronen aus der Atomhülle von den Atomkernen trennen, und war derjenige, der das Wort »Plasma« prägte. Er trug zum Verständnis von Atomen bei, beschrieb die Oberflächen von Molekülen und Materialien auf eine ganze neue Weise und bekam im Jahr 1932 für seine »Entdeckungen und Untersuchungen zur Oberflächenchemie« den Nobelpreis für Chemie.

Langmuir war also einer der besten Chemiker seiner Zeit. Und überzeugt davon, dass er es schaffen konnte, das Wetter zu manipulieren. Noch dazu, als sein Kollege Vincent Schaefer 1946 zufällig entdeckte, dass man mit Trockeneis Wasser in der Luft dazu bringen kann, sich in Eiskristalle zu wandeln. Der Kühlschrank, mit dem Schaefer seine Experimente durchführte, war nicht kalt genug, und deswegen legte er einfach ein Stück gefrorenes Kohlendioxid, also Trockeneis, hinein. Die Temperatur der Luft sank schlagartig, und ebenso schlagartig entstanden jede Menge Eiskristalle. Schon ein winziges Stück Trockeneis reichte aus, um eine große Anzahl an Eiskristallen zu erzeugen. Was für eine Entdeckung!

Eine zufällige Beobachtung allein reicht in der Wissenschaft natürlich noch nicht, man muss daraus auch die richtigen Schlüsse ziehen. Das taten Langmuir und Schaefer und probierten sofort aus, was Trockeneis mit natürlichen Wolken anstellen würde. Wolken bestehen ja aus Wassertropfen, und wenn Trockeneis in der Luft dafür sorgen kann, dass sich das Wasser in Eiskristalle verwandelt, kann es das in Wolken vielleicht auch. Und wenn es in einer Wolke Eiskristalle gibt, können sich um diese Kristalle herum immer mehr Wassertropfen anlagern. Dadurch entsteht Schnee, aus dem, wenn er tief genug fällt, Regen wird. Man müsste also nur ein wenig Trockeneis in die Wolken werfen und könnte sie so dazu bringen, abzuregnen und sich aufzulösen.

Regenmacher aus archaischen Gesellschaften waren lange bekannt, aber die hatten keine Ahnung von Meteorologie und Chemie, sind auf gut Glück herumgehüpft, wenn sie glaubten, dass sich nach ihrer Erfahrung das Wetter vielleicht bald ändern würde, um günstigenfalls diese Veränderung für sich zu verbuchen. Aber echte Regenmacher, die wissenschaftlich reproduzierbar das Wetter manipulieren können, wären eine Neuheit gewesen. Man kann sich die heißen Ohren von Langmuir und Schaefer vorstellen, mit denen sie sich daranmachten, mit echten Wolken zu experimentieren.

Die ersten Ergebnisse waren bei Weitem nicht eindeutig, aber die beiden waren trotzdem überzeugt davon, dass sie Regen machen konnten. Als im Jahre 1947 der Hurrikan King auf die USA zuhielt und erst im letzten Moment abdrehte, soll Letzteres aufgrund von Wetterflugzeugen geschehen sein, die Chemikalien in den Wolken verteilt hatten. Den Einwand vieler Meteorologen, dass der Hurrikan genau das getan hatte, was ohnedies und schon vor dem Start der Flugzeuge vorausgesagt worden war, wollte Langmuir nicht gelten lassen. Er wurde wütend und begann die Kollegen zu beleidigen. Denn die militärischen und wirtschaftlichen Verlockungen waren zu groß. Man hoffte, mit gezielter Wettermanipulation eine Dürre über Feindesland auslösen zu können. Oder dass man sintflutartigen Regen über der Armee des Gegners niedergehen lassen könnte, um ihn so zu immobilisieren. Man wollte Hurrikane zum Feind umleiten, seine Schiffe in die Häfen und die Flugzeuge auf den Boden zwingen etc.; das alles klang für Generäle und Politiker zu verlockend, und niemand wollte das Risiko eingehen, beim »Wetterkrieg« ins Hintertreffen zu geraten. Langmuir forschte weiter. Immer wieder wurden Wolken mit Trockeneis behandelt. 1947 entdeckte Bernard Vonnegut, ein weiterer Kollege von Langmuir, dass man mit Silberjodid noch bessere Ergebnisse erreichte als mit Trockeneis. Es bildeten sich noch schneller noch mehr Eiskristalle, da die Struktur der Silberjodid-Kristalle den Kondensationskernen von Schneeflocken sehr ähnlich war. Außerdem löste sich das Silberjodid nicht einfach auf wie Trockeneis, sondern blieb lange in der Atmosphäre bestehen.

Es gab weitere Versuche mit großen Budgets und beeindruckenden Namen wie »Project Cirrus«, »Operation Cumulus« oder »Operation Popeye«, aber weiterhin keine eindeutigen wissenschaftlichen Ergebnisse. Das Problem an der Sache war nämlich die Statistik. Es war nicht möglich, irgendetwas Verbindliches aus all den Experimenten mit Trockeneis und Silberjodid abzuleiten. Einmal passierte etwas, dann wieder nichts, und das lag vor allem daran, dass es sich bei Wetter um ein chaotisches System handelt. Das hat nichts mit dem Chaos zu tun, das Sie möglicherweise von Ihrem Schreibtisch kennen, das Sie für Ordnung halten, weil Sie vielleicht wissen, wo was liegen könnte, und deshalb erzürnt sind, wenn wer aufräumt und das für Ordnung hält, sondern Chaos bedeutet in dem Fall, dass die Vorgänge in der Atmosphäre enorm komplex sind. Prozesse auf mikroskopisch kleinen Skalen beeinflussen das Wetter ebenso wie Prozesse in globalem Maßstab. Und alle treten miteinander in Wechselwirkung. Es ist so gut wie unmöglich, einen einzigen Faktor herauszugreifen und ihn für maßgebliche Veränderungen verantwortlich zu machen. Das ist übrigens genau das, was als Schmetterlings-Effekt bekannt wurde. Der beschreibt nämlich nicht, dass ein heimtückischer Falter irgendwo in Südamerika einmal zu viel flattert, dreckig lacht, und halb Europa versinkt daraufhin in Regenmassen, sondern er besagt, dass ein unfassbar kleiner Effekt unglaublich große Auswirkungen haben kann. Aber nicht muss. Vielleicht, man weiß es nicht, weil vieles auch von all den unzähligen anderen Faktoren abhängt, die bestimmen, wie sich das Wetter entwickelt.

Deshalb kann man Wetter nicht manipulieren. Und das wird auf absehbare Zeit so bleiben. Auch wenn das viele nicht glauben mögen. Die Einfältigeren bilden sich ein, dass mit sogenannten Chemtrails unter anderem das Klima beeinflusst werden kann, entweder positiv oder negativ, das kommt drauf an, welcher Verschwörungswebsite sie mehr vertrauen. Die russische Regierung wollte im Jahr 2006 als Gastgeber des G8-Gipfels in St. Petersburg ebenfalls mit Wolkenbehandlung für schönes Wetter sorgen. Leider ist das nur fast gelungen, und es gab stattdessen einen Wolkenbruch. Und auch ganz seriöse Versicherungen geben jedes Jahr stattliche Summen für Hagelflieger aus. Dabei handelt es sich um Flugzeuge, die bewaffnet mit Silberjodid in Gewitterwolken fliegen, um sie quasi zu impfen, also Silberjodid als Kondensationskerne in die Wolken zu bringen, damit es regnet, bevor sich Hagelkörner bilden, oder damit zumindest nur kleine Körner entstehen. Klingt eigentlich gut, aber nur weil was gut klingt, heißt es leider noch lange nicht, dass es funktioniert. Auch dafür, dass sich Hagel durch Flugzeuge überreden lässt, nicht stattzufinden, gibt es keinen wissenschaftlichen Beleg. Hagelfliegen mag zwar von der Aussicht her für den Piloten toll sein, aber nach allem, was wir bis heute wissen, ist es einem Gewitter völlig egal, ob ihm ein Flugzeug Silberjodid als Damenspende vorbeibringt oder nicht. Wetter ist eben ein chaotisches System.

Warum Versicherungen, die sonst eigentlich sehr genau kalkulieren, dafür finanziell einstehen, ist auf den ersten Blick nicht verständlich. Aber auf den zweiten Blick findet man Versicherungen, die noch viel größeren Unsinn bezahlen, etwa Homöopathie. Und dagegen ist Hagelfliegen seriös. Die beiden Versicherungsleistungen zu kombinieren und statt Silberjodid Globuli in die Wolken hinauffliegen zu lassen, wäre sicher eine innovative Idee ganzheitlicher Gewitterbekämpfung und hätte den Vorteil, dass die Wolken etwas zu naschen bekämen, denn Milchzucker schmeckt bedeutend besser als Silberjodid, aber am Wetter würde auch das nichts ändern. Minus und Minus ergibt zwar oft Plus, aber in dem Fall leider nicht. ✓

»Ist der Leib Christi glutenfrei?«

Kurze Antwort:

--→ EU-rechtlich ja, kirchenrechtlich nein. ✓

Lange Antwort:

INN. WOHNUNG OBERGESCHOSS – ABEND
Eine Gruppe von 13 Männern sitzt auf Polstern um einen reich gedeckten Tisch, einer aus ihrer Mitte macht einen Serviervorschlag. Denn am Abend, an dem er ausgeliefert wurde und sich aus freiem Willen dem Leiden unterwarf, nahm er das Brot und sagte Dank, brach es, reichte es seinen Jüngern und sprach:

JESUS: Nehmet und esset alle davon, außer die, die kein Gluten vertragen.

--→ Das deckt sich natürlich nicht mit den aus Gottesdiensten bekannten Einsetzungsworten, die Jesus von Nazareth™ beim letzten Abendmahl gewählt hat. Gluten sollte nämlich erst über 1700 Jahre später entdeckt werden. Nun könnten Sie zu Recht einwenden, dass ein allmächtiger Schöpfergott, der Gluten selber erschaffen hat, natürlich schon damals davon wusste. Mag sein, aber dann war es offenbar in der Fischerszene rund um den See Genezareth kein großes Ernährungsthema, ganz abgesehen davon, dass wir heute nicht wissen, welches Brot die Jünger und ihr Idol zum Paschafest gebrochen haben, weil in der Schrift die Sorte nicht angegeben ist. Kornspitz oder Laugenbrezen dürften es eher nicht gewesen sein, aber vielleicht war es ja glutenfreies Gebäck und Jesus hat deshalb das heute bei vielen in Ungnade gefallene Klebereiweiß damals nicht erwähnt. Heute käme er bei der Wandlung in der Kirche damit aber nicht durch. Eine Oblate, die ein Leib Christi werden möchte, muss zumindest ein wenig Weizenmehl, und somit auch Gluten, enthalten, sonst gilt sie nicht als *gültige Materie* und kann sich kirchenrechtlich nicht in das Fleisch des Herrn verwandeln. Aber was ist dieses Gluten eigentlich, das für die einen göttlich, für die anderen höllisch sein kann?

Mitte des 18. Jahrhunderts beschrieb und benannte der italienische Chemiker und Arzt Jacopo Bartolomeo Beccari Gluten erstmals, von dem er glaubte, es sei der tierische Anteil von Getreide. Das klingt heute völlig absurd, und wenn man sich bewusst machen möchte, wie kurz der Zeitraum erst ist, seitdem wir relativ viel über die molekulare Zusammensetzung der Materie wissen, aus der wir bestehen und die uns umgibt, hat man mit Beccaris Werk ein gutes Anschauungsbeispiel. Er galt zu seiner Zeit als Kapazität, als man davon ausging, dass Mensch und Pflanze im Prinzip aus denselben Stoffen aufgebaut seien. Und weil das eine durch Verzehr aus dem anderen hergestellt und instand gehalten wird, nämlich der Mensch, indem er Tiere und Pflanzen verspeist, mussten die beiden auch strukturell Ähnlichkeiten aufweisen, damit sie ineinander übergehen können.

Blöderweise unterscheiden sich pflanzliche und tierische Eiweiße aber recht deutlich voneinander, das hat man auch damals schon erkannt. Von Muskeln, Blut und Eiweiß wusste man bereits, dass es sich um »klebrige« Sachen handelte, daher wurden sie auch nach dem lateinischen Wort für Leim benannt, eben Gluten. Groß war daher die Freude, als Beccari das klebrige Gluten im Weizen entdeckte, denn wenn es sich dabei um ein wenig »tierische Substanz« in der Pflanze handelte, war ein großes Stoffwechselgeheimnis gelüftet. Dann wäre die Substanz in der Pflanze, die wir verarbeiten können, das Gluten, und der Rest wäre Stuhlgang, das, was wir von der Pflanze nicht brauchen und der Natur mit freundlichen Grüßen zurückgeben. Auf diese Idee konnte Beccari damals ohne Weiteres kommen, denn Chemie oder Medizin, wie wir sie heute kennen, waren noch nicht erfunden. Ungefähr um dieselbe Zeit versuchte etwa in Hamburg der Alchemist Henning Brand aus Urin Gold herzustellen. Und entdeckte dadurch den Phosphor. Beides wollte Beccari zwar nicht mehr, aber er beobachtete, dass Gluten, wenn man es ein paar Tage in feuchter, warmer Umgebung ließ oder stark erhitzte, zu verfaulen begann und dabei *volatile alkali* absonderte, flüchtige alkalische Salze, deren Duft erheblich an Urin erinnerte. Dieses Verhalten kannte man von tierischem Gewebe, wenn man es derselben Prozedur unterzog, es musste also etwas Tier in der Pflanze sein.

Das war vor knapp 200 Jahren, das hat sich geändert, heute wissen wir, das ist Unsinn. Was sich erstaunlicherweise nicht geändert hat, ist das Ausmaß des Unsinns, der auch heute sehr oft über Gluten erzählt wird. Zumindest wenn es nach zahllosen Blogs und Magazinen, Elternrunden auf Kindergeburtstagen und Ernährungsberatungen bei Ärzten und Ärztinnen und Esoterikerinnen und Esoterikern geht (wobei bei Letzteren die Schnittmenge mittlerweile beachtlich ist).

Manchmal weiß man gar nicht, wo man anfangen soll. Vielleicht da: Weizen wird seit etwa 10 000 Jahren vom Menschen kultiviert und verzehrt, aber erst seit ein paar Jahren hat Gluten die Arschkarte gezogen wie kaum ein anderer Lebensmittelinhaltsstoff und gilt als legitimer Nachfolger des Glutamats, was Ernährungsverschwörungstheorien betrifft. Nur wie und warum hat das bis dahin weitgehend unauffällige Protein eine derartige Weltkarriere als Allergen hinlegen können?

Wo die meisten Menschen bei uns nicht einmal verbindlich wissen, wie man es ausspricht: Gluten oder Gluten? Beides hört man, aber stimmt Gluten oder doch Gluten? Die Antwort ist ganz leicht, auf Englisch sagt man Gluten, auf Deutsch Gluten. Keine Ursache. Wenn man über Gluten sprechen möchte, ist es allerdings viel wichtiger zu wissen, worum es sich dabei handelt, und nicht, wie man es ausspricht. Gluten kommt, wie gesagt, vom lateinischen Wort für Leim. Auch das englische Wort *glue* für Kleber findet darin seinen Ursprung. Und wenn im Rahmen eines beliebten Party-Streichs unter Heranwachsenden Super-Glue verwendet wird, um stark Betrunkenen die Wange am Klodeckel anzukleben, wenn sie nach Erbrechen vor der Muschel eingeschlafen sind, dann handelt es sich dabei im weitesten Sinn auch um eine Art Glutenunverträglichkeit, wenn Sie so wollen.

Wo findet man Gluten normalerweise? Vor allem in den Getreidesorten Weizen, Roggen, Gerste, Hartweizen, Dinkel, Grünkern, Emmer, Einkorn und Hafer. Und das ist gut so, denn es hat für Pflanzen eine wichtige Funktion als Speicherprotein und somit als Aminosäurequelle für deren Wachstum. Ohne Gluten kämen viele Pflanzen nicht zur Blüte oder Reife. Die Körner dieser Pflanzen verwenden wir u. a. zur Herstellung von Backwaren. Wenn man dabei Wasser oder Milch zum Weizenmehl gibt, wird die Flüssigkeit durch die im Weizen enthaltenen langkettigen Zuckermoleküle gebunden. Das nennt man dann auf Österreichisch Gatsch. Wird dieser feuchte Teig nun ordentlich verknetet, bilden die Gluten-Proteine untereinander ein Netzwerk, und es entsteht ein klebriger Teig, daher wird Gluten umgangssprachlich eben auch Klebereiweiß genannt.

Wer es genauer wissen will: Biochemisch gesehen besteht Gluten aus einem Gemisch aus Proteinfraktionen, und zwar aus Glutelinen und Prolaminen. Im Weizen werden die Glutelin-Fraktionen als Glutenine und die Prolamin-Fraktionen etwas verwirrenderweise als Gliadine bezeichnet. Das sind sehr viele wenig gebräuchliche Fremdwörter, aber keine Angst, Sie brauchen sie sich nicht zu merken, und es ist ganz leicht zu verstehen, was mit ihnen beschrieben wird. Bzw. Sie haben es bereits verstanden. Glutenine und Gliadine bilden zusammen Gluten und können so CO_2 auffangen. Durch die Bildung dieses Netzwerkes wird gewährleistet, dass das durch die Hefe produzierte Kohlendioxid im Teig gefangen bleibt, der Teig »aufgehen« kann und an Fülle gewinnt. Gluten ist quasi das LinkedIn der Proteinszene. Die Hefe im Teig schnabuliert nämlich den Zucker, also die Kohlehydrate, und rülpst oder furzt oder dünstet dabei jede Menge Kohlendioxid aus. Sie macht dabei genau das, was wir von ihr wollen, aber ihre Arbeit wäre umsonst, würde nicht das Gluten das CO_2 einfangen.

So weit, so gut, und bislang hat noch niemand Probleme mit Gluten. Die beginnen erst beim Verzehr. Nur verhältnismäßig wenige Menschen bekommen wegen des Glutens Schwierigkeiten, hauptsächlich jene, die an der ziemlich unangenehmen Stoffwechselerkrankung Zöliakie leiden. Zöliakie gibt es schon ausgesprochen lange, man schätzt, dass bereits im Neolithikum, also vor etwa 10 000 Jahren, erste Lebensmittelunverträglichkeiten aufgetreten sind. Damals gab es aber noch sehr wenige Menschen, und die hatten ganz andere Probleme, weshalb in alten Zeugnissen darüber kaum etwas zu lesen ist. Glutenfreie Nahrung fehlte im Sortiment der Supermärkte damals gänzlich, man ging sogar so weit, auf Supermärkte überhaupt zu verzichten. Das ist lange her. Erstmals beschrieben wurde Zöliakie im 1. Jahrhundert unserer Zeitrechnung vom griechischen Arzt Aretaios von Kappadokien. Das ist die Gegend in der heutigen Türkei, die teilweise so aussieht, als hätte man ein Freilichtmuseum für Phallussymbole aus Tuffstein eingerichtet. Aretaios hat allerdings nicht einmal ansatzweise erkannt, was dabei genau vor sich geht, weshalb Zöliakie ursprünglich auch nicht viel mehr als Bauchweh geheißen hat. Dabei blieb es weitere knapp zwei Jahrtausende, erst seit Mitte des 20. Jahrhunderts weiß man, dass es sich bei Zöliakie um eine lebenslange chronisch-entzündliche Darmerkrankung handelt, ausgelöst durch Gluten. Neben einer

Immunreaktion gegen das Klebereiweiß treten auch Immunreaktionen gegen körpereigene Proteine auf. Das heißt, der Körper beginnt sich mit seinem eigenen Abwehrsystem selbst zu bekämpfen. Das ist nicht sehr schlau von ihm, er büßt es mit Durchfall, Gewichtsverlust, Wachstumsstörungen, Hautausschlägen und Blutarmut. Unglücklicherweise gibt es zurzeit noch keine Heilung, sondern nur eine Therapie durch strenge Diät und Verzicht auf glutenhaltige Nahrungsmittel. In Europa sind davon etwa 0,5–1 Prozent der Bevölkerung betroffen. Klingt nach wenig, gilt aber doch für bis zu sieben Millionen Menschen, und für die ist Gluten kein Freund, egal wie luftig und fluffig es das Brot werden lässt. Bei allen anderen ist das nicht so eindeutig.

Denn seinen schlechten Ruf hat Gluten nicht zuletzt aufgrund einer Untersuchung eines australischen Forscherteams rund um Peter Gibson aus dem Jahr 2011. Dabei wurde festgestellt, dass Gluten auch bei Menschen ohne Zöliakie die einschlägigen Beschwerden auslösen kann. Das sorgte für enormes Hallo, und darauf basierende Bücher wurden umgehend zu Bestsellern. Weil die Studie zwar sauber gemacht, das Sample allerdings sehr klein war, hat Gibson deshalb in seiner Erstpublikation auch ausdrücklich darauf hingewiesen, dass man deshalb keine voreiligen Schlüsse ziehen dürfe ohne weitere Studien. Es handle sich nur um ein erstes Ergebnis. Wie man weiß, sorgte das im Gegensatz dazu für gar kein Hallo und blieb weitgehend ungehört. Gluten hatte davor schon keinen extrem guten Ruf, aber nun waren die Vorurteile wissenschaftlich belegt. Ein bisschen Bauchweh und Leibschmerzen haben viele Menschen öfter einmal, und mit Gluten war endlich ein Übeltäter dingfest gemacht, noch dazu einer mit einem Namen, den man sich relativ leicht merken kann. Gibson und sein Team und auch andere Wissenschaftler haben Nachfolgestudien angestellt, größer und umfangreicher, und dabei festgestellt, dass Gluten mitnichten für die Symptome verantwortlich ist. Sondern eher andere Weizenin-haltsstoffe, die als »fermentable oligo-, di- and monosaccharides and polyols«, deutsch »fermentierbare Oligo-, Di- und Monosaccharide sowie Polyole« bekannt sind, oder besser nicht bekannt und auch schwer zu merken, weshalb das ausgesprochen unelegante Akro-nym FODMAPs erdacht wurde. Wie viel Bauchweh hinter dieser Namensgebung steckt, erkennt man daran, dass das »a« von »and« zwischen »di-« und »monosaccharides« unberücksichtigt blieb, während das zweite »and« als »a« einen Stammplatz bekam. Ge-nauer müsste es nämlich FODAMAPs heißen, aber FODA schaut dann wieder nicht so ähnlich aus wie FOOD und ist deshalb marke-tingtechnisch ein Schuss in den Ofen.

Als FODMAPs gelten sehr viele Stoffe, die in verschiedenen Nah-rungsmitteln enthalten sind, es handelt sich im Wesentlichen um Kohlehydrate. In fruktosehaltigem Essen wie Honig, Äpfeln, Mangos, Wassermelonen finden sie sich, in so gut wie allen Milchprodukten, aber auch in vielen Lightprodukten, denen als Zuckerersatz Süßstoffe beigefügt wurden, sowie in Knoblauch und Zwiebeln. FODMAPs sollen mit dem Reizdarmsyndrom korrelieren, und wenn man daher eine strenge Low-FODMAPs-Diet einhält, hat man deutlich weni-ger Bauchweh als sonst. Das klingt einleuchtend, ist aber eigentlich nicht ausgesprochen spektakulär. Die Darmflora von uns Menschen ist je nachdem, von welchen Bakterien wir besiedelt werden, ver-schieden, deshalb vertragen wir auch unterschiedliche Lebensmit-tel unterschiedlich gut. Das weiß eigentlich jeder, der ein bisschen aufpasst, welches Essen welche Konsequenzen nach sich zieht. So bekommen viele Bauchweh nach dem Verzehr von Rosenkohl oder Kohlsprossen, erhebliche Blähungen, wenn sie rohe Zwiebeln mit Senf zum Gegrillten nehmen, und für viele Menschen gilt Leib-schneiden als der zweite Vorname von Sauerkraut. Natürlich ist es wichtig herauszufinden, was dabei im Körper passiert, weil es immer gut ist, wenn man mehr weiß, dann braucht man weniger zu glauben, aber daraus eine große Diätschule zu machen, ist doch ziemlich übertrieben. Wenn man etwas erfahrungsgemäß nicht gut verträgt, dann streicht man es eben aus dem Speiseplan, wenn man ab und zu trotzdem nicht verzichten möchte, muss man die Kollateralschäden in Kauf nehmen. Vermutlich würde dieses deutlich einfachere Konzept vielen Menschen helfen, die Beschwerden einzugrenzen, anstatt über Jahre nach einschlägigen Arztbesuchen und Ernährungsberatungen umfangreiche Reizdarmdiäten aufoktroyiert zu bekommen. Und da hat die Karriere von ATIs noch gar nicht begonnen. Dabei dreht es sich um Proteine, sogenannte Amylase-Trypsin-Inhibitoren, die die Pflanzen zum Schutz vor Schädlingen als natürliche Abwehrstoffe einsetzen können.

Es scheint fast, als würden, nachdem Gesellschaftskritik ihre beste Zeit hinter sich hat, immer öfter biologistische Lösungen, oft noch dazu stark vereinfacht, angeboten, beinahe im Stile einer alttestamentarischen Sündenbocksuche, um Schwierigkeiten, die Menschen mit ihrem Leben haben, in den Griff zu bekommen. Wenn einem etwas auf den Magen schlägt, ist nicht die Lebenssituation schuld, der Stress, eine zu enge Hose oder Zukunftsangst, sondern ein Inhaltsstoff der Jause.

Dabei darf man natürlich nicht ungerecht sein, das Starterfeld bei Weizenunverträglichkeitsphänomenen jenseits von Zöliakie ist sehr heterogen. Nicht alle, die etwa nach einer Semmel Beschwerden spüren, bilden sich diese nur ein, die werden schon auftreten. Fragt sich nur warum. Gibson und sein Team haben jedenfalls festgestellt, dass bei Patienten, die offiziell unter Glutenunverträglichkeit litten, keine Symptome auftraten, wenn sie nicht wussten, dass sie glutenhaltige Nahrung zu sich nahmen. Die australischen Forscher sind deshalb auf die FODMAPs gekommen, und sprechen darüber hinaus von einem Nocebo-Effekt. Dass man also etwas hat, wenn man es zu haben glaubt. Ein deutlich unfreundlicherer Ausdruck für Nocebo-Effekt lautet deshalb im Amerikanischen »Attentionwhoring«. Auch das dürfte im Alltag eine Rolle spielen. Denn mit der Sorge oder dem Fachwissen um glutenfreie Ernährung kann man auch entsprechende soziale Aufmerksamkeit generieren, wenn man das möchte. Und es gibt sehr viele Menschen, die überhaupt nicht erfreut sind über eine Nahrungsmittelallergie, die sie deshalb auch nicht wie ein Sechzehnendergeweih vor sich hertragen, sondern sich nach völliger Gesundheit sehnen.

Wenn man allerdings alles zusammenzählt, was es an möglichen Erklärungen für Unverträglichkeiten rund um Weizen und Gluten gibt – Zöliakie, Weizenunverträglichkeit, die (Nicht-Zöliakie-Nicht-Weizenallergie) Weizensensitivität –, kommt man in Europa laut heutigen Untersuchungen auf eine Anzahl von 7–10 Prozent der Bevölkerung, die an entsprechenden Beschwerden leiden. Nach Selbsteinschätzung von Erwachsenen haben über 13 Prozent der Bevölkerung Symptome nach dem Konsum glutenhaltiger Lebensmittel. Trotzdem wird das Angebot in Supermärkten sukzessive auf glutenfrei umgestellt, obwohl das für viele Menschen keine Vorteile bringt. Für Zöliakiepatientinnen und -patienten ist es ein Segen, die Sucherei nach verträglichen Nahrungsmitteln im Supermarkt hat ein Ende, aber es dürften darüber hinaus auch betriebswirtschaftliche Überlegungen eine Rolle spielen. Aus einer wissenschaftlichen Studie geht hervor, dass in den USA mittlerweile etwa 30 Prozent der Erwachsenen darüber nachdenken, glutenhaltige Lebensmittel aus ihrem Ernährungsplan zu streichen. In Europa dürften die Zahlen ähnlich lauten. Dem stehen aber die oben genannten 7–13 Prozent der Bevölkerung gegenüber, die wirklich betroffen wären und von einer glutenfreien Diät gesundheitlich profitieren würden. Bleiben etwa bis zu 20 Prozent, die glutenfreie Lebensmittel kaufen würden, ohne zwingenden Grund. Die kann man bewirtschaften, und das wird auch gemacht. Der Marktwert glutenfreier Produkte lag 2013 weltweit bei ungefähr 3,4 Milliarden Dollar. Zum Vergleich, im Jahr 2016 betrug der Umsatz von McDonald's Deutschland 3 Milliarden Dollar. Bis 2020 soll der Marktwert glutenfreier Produkte allerdings auf 24 Milliarden Dollar steigen. Diese Gewinnspanne ist natürlich verlockend, wobei betont werden muss, dass die Menschen, die nicht unter Gluten-, sondern irgendwelchen anderen Unverträglichkeiten leiden, die Weizenallergie oder Weizensensitivität genannt werden, von der Glutenfreiheit gar nicht profitieren, sondern nur mehr bezahlen werden. Wird das irgendwann auch die Pfarrgemeinden in Bedrängnis bringen durch gestiegene Hostienpreise, muss demnächst aus ernährungstechnischen Gründen die Kirchensteuer erhöht werden? Eher nicht.

Hostien sind dünne Oblaten, und man kann den Glutenanteil im Weizen so weit reduzieren, dass sie nach dem *Codex Alimentarius*, der auch als EU-Norm gilt, und Angaben der Weltgesundheitsorganisation der Vereinten Nationen als glutenfrei gelten, die das so definieren, dass der Glutengehalt unter 20 mg/kg liegen muss. Das unterschreiten manche Hostien heute locker. Da könnten Sie sich rein theoretisch, vom Glutengehalt her, drei, vier Hostien nehmen, wenn die Kommunion ein All-you-can-eat-Buffet wäre, was sie natürlich nicht ist, weil jeder pro Messe nur einen Leib Christi bekommt. Der übrigens nur circa bis zum Verschlucken Leib Christi bleibt, maximal bis in den Magen, so genau weiß man es nicht, danach wird er wieder zu einer Oblate im Verdauungstrakt, denn, Sie vermuten richtig, man musste eine Lösung findet, damit der Sohn Gottes nicht im Kanal landet beziehungsweise im Klopapier. Aber das nur nebenbei.

Kirchenrechtlich drücken sich die Machthaber wie so oft um klare Worte herum und beharren zwar darauf, dass gültige Hostien-Materie nicht zu wenig Gluten enthalten darf, bieten aber mit der Kelchkommunion statt der Hostie und anderen Sonderregelungen genügend Auswege für die Praxis an. Und in der Praxis werden ohnedies glutenfreie Hostien ausgeteilt, wenn die Kundschaft das will, denn viele Pfarrgemeinden verstehen das kanonische Recht eher als Richtschnur und nicht als Gesetz. Man will ja die wenigen, die heute noch in katholische Gottesdienste kommen, nicht unnötig verschrecken.

Dass Weizen- oder Feinmehl überhaupt in der Hostie sein muss, wird davon abgeleitet, dass damals, als das Christentum erfunden wurde, Feinmehl als wertvoller galt und man deshalb beschloss, das Bessere für den Heiland zu nehmen. Dasselbe gilt übrigens für Traubensaft, der als Ersatz für Wein bei der Eucharistie verwendet werden darf, wenn der Priester etwa als Ex-Alkoholiker Wein meiden sollte; der muss auch vom Guten sein. Irgendein Tetrapackwein aus dem Sonderangebot hat ebenso keine Karrierechancen als Blut des Herrn. Anders als bei der Hostie muss aber nicht zumindest ein Schlückchen Wein zum Saft, um aus ihm einen Gstaubten zu machen, das wohl vermutlich deshalb, weil es schade um den Wein wäre, und weil Alkoholismus schon länger als Krankheit gesellschaftlich relevant anerkannt ist als Zöliakie.

Alkoholkranke Priester, die auch noch an Zöliakie leiden, bekommen also erst dann ein Problem beim Messelesen, wenn sie auch noch fructoseintolerant sind und keinen Traubensaft vertragen. Fructoseintoleranter, zöliakiekranker, christlicher Ex-Alkoholiker, der eine Messe lesen möchte, ist allerdings eine derart seltene Kombination, dass es dafür noch keine kanonische Rechtsprechung gibt. Die sich daraus ergebende Frage wird also erst in einem der Folgebücher der Science Busters geklärt werden können. ✓

»Worüber sprechen
Viren beim Wirt?«

Bevor wir uns den Stammtischgesprächen der Viren zuwenden, möchte sich diese Frage für die Gottlosigkeit der vorigen Frage entschuldigen und darüber hinaus für die Frotzelei rund um die Aussprache von Gluten. Die Betonung im Deutschen liegt auf der zweiten Silbe und dem ē, im Englischen auf der ersten und dem u. Ende der Durchsage, wir ersuchen um Ihr Verständnis.
Worüber sprechen Viren also beim Wirt?

Kurze Antwort:

--→ Leben und sterben lassen. ✓

Lange Antwort:

--→ Viren haben es nicht leicht. Seit Jahrmillionen bemühen sie sich um Aufmerksamkeit, infizieren und töten andere Lebewesen, aber trotzdem will niemand ihnen zuerkennen, dass sie selber am Leben sind. Denn Leben wird von uns Menschen definiert, und zwar so, dass Viren den Kriterienkatalog nicht zur Gänze erfüllen können. Wir benennen sie sogar abfällig, nach einem Wort, das auf Deutsch »Schleim« oder »Saft« oder »Gift« bedeutet, also nichts, in das Menschen gerne mit bloßen Händen reingreifen. Im Jahr 1999 hat man allerdings entdeckt, dass eines der größten Viren, die wir kennen, genannt Mamavirus, selber von Viren infiziert werden kann. Mamavirus hat seinen Namen daher, dass es noch größer ist als Mimivirus, das bis dahin größte Virus, das der Forschung untergekommen war. Mimi steht als Abkürzung für Mimikry, also Verkleidung, weil Mimivirus so groß ist, dass es lange für ein Bakterium gehalten wurde. Es ist sogar größer als manche Bakterien. Nur zur Erinnerung: Normalerweise sind Bakterien bis zu hundert Mal größer als Viren. Und weil wir dabei sind, kleiner Fun Fact: Die kleinste Spinne ist um die Hälfte kleiner als das größte Bakterium. Fun Fact Ende.

Mamavirus ist das alles egal, es hält sich nicht an den Dresscode und verdient seinen Lebensunterhalt damit, sich in einem Wirt zu vervielfachen. Das ist für Viren nicht ungewöhnlich, aber Mamavirus ist so groß, dass es sich als Wirt nicht ein Bakterium nehmen muss, das seine Kragenweite besitzt, sondern sogar eine Amöbe angehen kann, um sich in ihr zu vermehren. Dabei hat Mama zwar die Rechnung mit dem Wirt gemacht, aber ohne Subunternehmer. Denn obwohl Mama ein Virus ist, kann es selber auch eines bekommen, denn ein noch kleineres namens Sputnik befällt Mama bzw. seine Infrastruktur, während es eine Amöbe befällt. Das ist ungewöhnlich, dass ein Virus ein anderes überfällt, während das wiederum ein anderes Lebewesen überfällt. Man hat deshalb die Bezeichnung Virophage für Sputnik eingeführt, das deshalb so heißt, weil man diese Gattung auch Satellitenviren nennt. Denn Virophagen fressen Viren, analog zu Bakteriophagen, also Viren, die sich an Bakterien gütlich tun. Mamavirus hat seine Spitzenposition übrigens nicht lange verteidigen können und wurde 2011 von Megavirus abgelöst, das wiederum 2013 Pandoravirus Platz machen musste. Falls Marvel Studios einmal keine Lust mehr haben sollten, *Fantastic Four* immer wieder mit Menschen zu verfilmen, böte sich in der Welt der Viren ein ganz neues Starensemble an.

Zu jammern brauchen die Viren übrigens nicht, weil sie selber nun auch von Viren überfallen werden. Denn was ihnen dabei passiert, das machen sie mit Bakterien seit Jahrmillionen, ohne mit der Wimper zu zucken. Wenn Sie nämlich glauben, bei Ihnen in der Firma oder in der Familie geht es ruppig zu, dann schauen Sie ins Meer. Es wird angenommen, dass sich in den Ozeanen der Welt rund 1 000 000 000 000 000 000 000 000 000 000 Viruspartikel befinden. Anders ausgedrückt: eine Quintillion. Damit sind sie den zellulären Lebensformen zahlenmäßig rund zehnfach überlegen. Und das bekommen Letztere auch zu spüren. Jeden Tag werden bis zu 40 Prozent aller Ozeanbakterien durch diese Bakteriophagen vernichtet. Bakterien sind nicht für ihre engen familiären Bande bekannt, und die Einträge in der Online-Plattform MyHeritage.com halten sich in engen Grenzen, aber trotzdem ist es keine schöne Vorstellung, dass jeden Tag fast die Hälfte der Familie nicht zum Abendessen erscheint. Nur weil Lebewesen, die allein gar nicht überleben könnten und deshalb unbedingt einen Wirt brauchen, um sich fortzupflanzen, nicht wollen, dass es einem gut geht.

Wie schaffen das Viren, Bakterien derart zuzusetzen, obwohl sie viel kleiner sind? Sie bringen es zuwege, weil sie sehr gute Kommunikatoren sind. Dass sie Bakterien das Leben schwer machen, weiß man schon lange, aber wie sie es machen, erst seit Kurzem. Bakteriophagen sind, wie bereits einmal gesagt, Viren mit Bakterien als Wirt, das bedeutet, dass sie Bakterien besiedeln und für ihr Überleben nutzen. Zuerst docken sie an der Bakterienoberfläche an, um dann ihre DNA, also ihr Erbmaterial, in die Wirtszelle zu injizieren. Im Weiteren haben sie zwei Möglichkeiten, ihr Überleben zu gewährleisten, nämlich einen lytischen und einen lysogenen Lebenszyklus. Das klingt ein wenig nach Kirchenmusik, bedeutet aber *auflösend* oder *Auflösung hervorrufend*. Für unsere Ohren besteht da nicht viel Unterschied, aber in der Welt der Bakteriophagen ist das einer ums Ganze.

Im lytischen Zyklus nutzen Viren den Wirt, um neue Phagenpartikel von sich zu produzieren und letztendlich die Bakterienzelle bzw. die Bakterienzellwand aufzulösen, also die sogenannte Lyse durchzuführen. Die neu entstandenen Viruspartikel werden in die Umgebung freigesetzt und können neue Bakterienzellen befallen. Dabei werden keine Gefangenen gemacht, das befallene Bakterium braucht umgehend keine Urlaubspläne mehr zu schmieden und kann alles Geld sofort für Luxus und Tand ausgeben. Im Gegensatz dazu bedeutet lsyogener Lebenszyklus, dass die Phagen-DNA des Virus zuerst einmal in das Erbmaterial der Bakterien eingebaut wird und dort so lange stabil integriert vorliegen bleibt, bis das Signal zum Umschalten auf den lytischen Zyklus kommt. Man spricht hier von einem temperenten Bakteriophagen. Vergleichbar einem terroristischen Schläfer, der auf den Einsatzbefehl wartet, den er nach dem Lesen aufessen muss oder der sich selbst zerstört. Nur dass in dem Fall nicht die Nachricht zerstört werden muss, sondern der Wirt.

Auch wir Menschen beherbergen übrigens solche Schläfer, die uns zwar im Falle des Falles nicht zerstören, aber gehörig verunstalten können. Falls Sie gerade mit getrockneter Zahnpasta auf der Oberlippe herumlaufen, um die Fieberbläschen zu dehydrieren, wissen Sie genau, wovon die Rede ist, nämlich vom Herpes-Virus. Warum Herpes ausgerechnet im Mund oder den Genitalien zu erblühen beginnt, liegt nicht daran, dass diese Viren gerne beim Oralverkehr zusehen, aber über keinen eigenen Internetzugang verfügen, sondern dass Herpes-Viren auf die Übergangszone von normaler Haut zu Schleimhaut stehen und dort flüssigkeitsgefüllte Bläschen wachsen lassen, in denen es vor Viruspartikeln nur so wimmelt.

Infiziert werden die meisten Menschen schon sehr früh damit, denn nachdem in unseren Breiten fast alle Menschen das Virus in sich tragen, ist die Wahrscheinlichkeit, dass man es schon als Säugling von seinen Eltern bekommt, die es nicht lassen können, an einem herumzuschmusen, enorm. Aber nur, weil Ihr Mundwinkel momentan nicht aussieht wie ein Ensemble neu angelegter Tennis-Traglufthallen aus der Vogelperspektive, bedeutet das nicht, dass Sie kein Herpes in sich tragen. Nach einer überstandenen Erstinfektion bleibt das Virus nämlich ein Leben lang im Organismus. Wer gerne Schlager umtextet, hat mit »Marmor, Stein und Eisen bricht, nur das Herpes schleicht sich nicht« einen potenziellen Tophit für unter der Dusche in der Pipeline. Die längste Zeit bekommt man von der Anwesenheit des Virus nichts mit, weil es sich still beschäftigt und uns in Ruhe lässt. Aber wehe, man erlaubt sich eine vorübergehende Schwächung des Immunsystems durch Faktoren wie emotionalen Stress. Dadurch wird die ruhende Herpes-DNA in

unseren Zellen besonders fortpflanzungsgeil, aktiviert den lysogenen Zustand und es werden die Virus-befüllten Bläschen an den
Mundrändern gebildet, die nur darauf warten, beim Schmusen in
der Disco weitergegeben zu werden, weil sie im Dunkeln nicht so
ekelhaft aussehen.

Uns Menschen können diese Viren wie gesagt nicht zerstören,
aber wenn sie in Bakterien von lysogen auf lytisch umschalten, wird
es für den Wirt eng. Nur wie schaffen es die Viren, sich so zu koordinieren, dass irgendwann alle gleichzeitig umschalten, wenn sie nicht
einmal allein lebensfähig sind? Die Antwort lautet: Sie schicken
einander Snapchatpics, die zur Zechprellerei führen, bevor die Bakterienwirte Lokalverbot erteilen können. Bildlich gesprochen. Entdeckt hat man das eher zufällig und eigentlich, weil man mehr über
die Gespräche innerhalb von Bakterien herausfinden wollte. Dass
die stattfinden, ist schon länger bekannt. Quorum sensing nennt
man beispielsweise einen Mechanismus, bei dem Bakterienzellen
Peptide, also Proteine, die nur aus wenigen Aminosäuren aufgebaut
sind, in die Umgebung abgeben. Die werden von anderen Zellen aufgenommen und stimulieren das Ablesen bestimmter bakterieller
Gene. So koordinieren Bakterien untereinander ihre Produktivität.
Eine Gruppe von Wissenschaftlern versuchte 2017 herauszufinden,
ob Bakterien, die von Viren infiziert wurden, eventuell auch Moleküle herstellen können, um andere Bakterienzellen zu alarmieren,
und nicht nur, um sie zur Arbeit anzuhalten. Aus diesem Grund
infizierten die Forscher das Bakterium *Bacillus subtilis* mit vier verschiedenen Virenstämmen und untersuchten, ob bereits wenige
Stunden danach Moleküle gebildet wurden, die eine weitere Phagen-
infektion verhindern können. Zu ihrer nicht kleinen Überraschung
fanden sie aber kein bakterielles Molekül, sondern ein virales, das
von einem der vier im Versuch eingesetzten Phagen gebildet wurde.
Interessanterweise zeigte dieses virale Molekül sehr viele Ähnlich-

keiten zu jenen Proteinen, die beim Quorum sensing bei Bakterien eine Rolle spielen. Das heißt, die Viren stellen ein Protein her, das die Bakterienwirte für ein eigenes halten und an Kollegen weiterleiten, wodurch die Botschaft »Bakterium hinmachen und abhauen« sich unter den Viren auch in anderen Bakterien verbreiten kann.

Für uns Menschen klingt das sehr altmodisch, dass man zum Wirt nicht nur zum Essen geht, sondern auch noch sein Telefon benutzen muss, weil man kein eigenes hat, aber dass Viren, also Bakteriophagen, das können, ist eine kleine Sensation und ein weiterer Hinweis darauf, dass wir über das, was wir als Leben definieren, vielleicht doch noch einmal nachdenken müssen. ✓

»Warum landen
Asteroiden immer
in Kratern?«

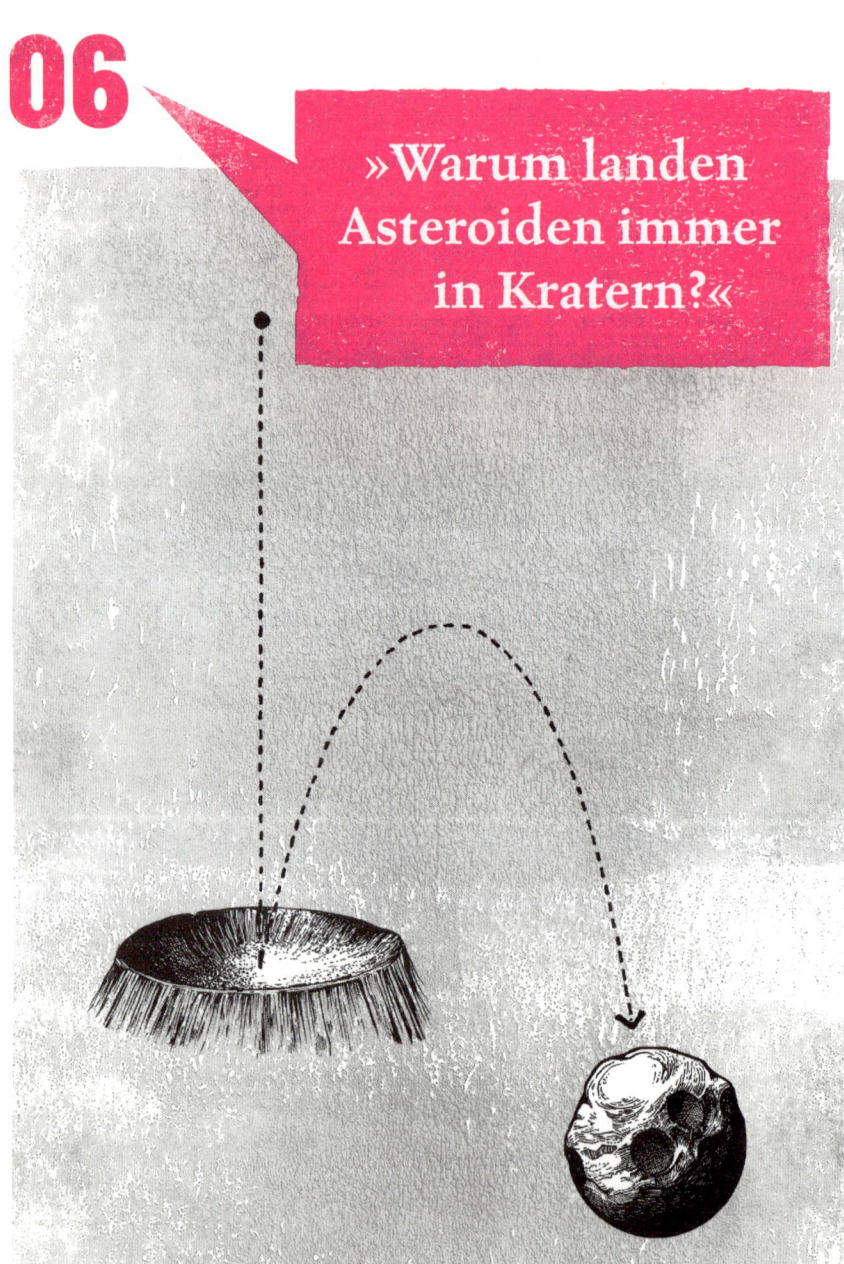

Kurze Antwort:

--→ Machen sie gar nicht. ✓

Lange Antwort:

--→ Endlich der Titelsong! Nachdem bereits alles über Brot gewordene Messiasse, chattende Viren und geimpfte Wolken ausführlich gesagt wurde, kommt nun die Landeplatzfrage von Asteroiden auf die Pfanne. Warum brauchen sie einen Krater, warum können sie nicht einfach sanft auf einer Landebahn aufsetzen und danach Autogramme schreiben wie andere Publikumslieblinge auch? Und was ist ein Krater eigentlich genau?

Unter Krater verstand man ursprünglich ein Gefäß, in dem Wasser und Wein vermischt wurden. Bei Einschlagskratern wird auch vermischt, allerdings nicht Wasser und Wein, sondern Einschlagskörper, also in unserem Fall ein Asteroid, mit dem Material, auf das er trifft, in der Regel eine Planetenoberfläche. Asteroid ist er übrigens per Definition nur so lange, bis er etwa in die Lufthülle der Erde eintaucht. Dann nimmt er, wenn er leuchtet, kurz den Nickname Meteor an und wird, falls er die Erde erreicht, im Moment des Aufschlages in Meteorit umbenannt. Dass Asteroiden in Kratern landen, ist also, wenn man es genau nimmt, gar nicht möglich. »Hätten Sie aber auch gleich sagen können«, mögen nun manche einwerfen, »dann hätte sich das Buch vielleicht einen anderen, Erfolg versprechenderen Titel aussuchen können, etwa *Schwarzbuch Weißbuch* oder *Eine kurze Geschichte der kurzen Geschichten* oder *Heilung mit der Kraft der Heilung* oder *Das Universum ist eine Scheißgegend 2 – was wir vom Kosmos über unsere Ernährung lernen können.*« Natürlich wären auch andere Titel möglich gewesen, da haben Sie recht, und wir haben auch mit uns gerungen. *Warum waren die Dinosaurier vor 65 Millionen Jahren derart blöd, sich so eng zusammenzustellen, dass ein einziger Asteroid alle auslöschen konnte?* wäre etwa kaum schlechter gewesen, aber deutlich länger. Wir haben Ihre Beschwerde bekommen und an die zuständigen Stellen weitergeleitet, weisen aber erstens darauf hin, dass vorliegender Titel sich ausgezeichnet zum Verkaufsschlager eignet, und zweitens, dass nach Kauf des Buches, auch wenn es als Geschenk in Ihren Besitz gelangt ist, die Lektüre des titelgebenden Kapitels jedenfalls Pflicht ist.

Also.

Asteroiden, die in Kratern landen wollen, schaffen es, wenn es Sie tröstet, aber ohnedies kaum einmal bis zu uns. Die Lufthülle selektiert schon grob vor. Trifft ein Objekt aus dem All auf die Atmosphäre der Erde, dann wird es dadurch abgebremst. Die Geschwindigkeiten dabei sind enorm, mindestens 11,2 Kilometer pro Sekunde. Im Weltall kann ein Asteroid ziemlich langsam herumfliegen, da hindert ihn niemand dran, da kann er bummeln wie ein Hans-guck-in-die-Luft. Aber wenn er auf Kollisionskurs mit der Erde geht, wird er durch ihre Gravitationskraft beschleunigt. Um der Schwerkraft der Erde zu entkommen, muss man 11,2 Kilometer pro Sekunde düsen können. Ist man langsamer, wenn man von der Erde wegfliegt, dann fliegt man zwar weg, vielleicht ein ganz schönes Stück, ist aber letztlich zu langsam und fällt einfach wieder auf die Erde zurück. Umgekehrt ist es aber genauso. Langsam auf die Erde zuhalten, um die Aussicht zu genießen, vielleicht sogar einmal an einem Mirador haltzumachen, um ein paar Selfies zu knipsen und via Snapchat in den Asteroidengürtel zu schicken, erlauben die Naturgesetze nicht. Außer man bremst künstlich, was die meisten Asteroiden aber nicht können. Wenn man ganz exakt sein will, kein einziger.

Wer von der Schwerkraft der Erde angezogen wird, der hat also mindestens 11,2 Kilometer pro Sekunde auf dem Tacho stehen. Der Fluchtgeschwindigkeit der Erde entspricht auch die Ankunftsgeschwindigkeit. Einschlagende Objekte können allerdings noch deutlich schneller sein, und zwar bis zu 70 Kilometer pro Sekunde. Wenn ein Felsbrocken mit so einem enormen Tempo auf die Lufthülle der Erde trifft, entsteht durch die Reibung mit den Molekülen der Atmosphäre natürlich sehr viel Hitze. Die können ja nicht so schnell ausweichen, wie sie gerne würden. Dadurch brechen viele der potenziellen Besucher schon lange vor ihrem Eintreffen auf der Erde auseinander, manche sogar in regelrechten Explosionen. Und danach sind nur noch viele kleinere Objekte übrig, die zum Teil verglühen und zum Teil viel zu winzig sind, um auf der Erde Schaden anzurichten. Das Verglühen ist Ihnen bestimmt als Sternschnuppe vertraut. Wer eine sieht, darf sich bekanntlich etwas wünschen, es aber nicht laut sagen. Ob sich Sternschnuppen umgekehrt auch etwas wünschen dürfen, wenn sie einen Menschen sehen, ist allerdings nicht geklärt und leider auch nicht Gegenstand der aktuellen Forschung. Noch kleinere Objekte, Mikrometeoriten, also Staubkörner aus dem All, schlagen gar nicht ein und verbrennen auch nicht. Sie sind sogar zu klein, um nennenswerte Hitzeentwicklung in ihren CV schreiben zu können, und schweben einfach erdwärts. Auf diese Weise regnen bis zu hundert Tonnen Staub aus dem All pro Tag auf den Planeten und schlagen natürlich keine Krater. Sie landen sanft auf allen Oberflächen der Welt, und wo auf Glanz wert gelegt wird, wischt wer mit einem feuchten Tuch die Möchtegernkratermacher einfach weg.

Erst wenn der Besucher aus dem All, also der Einschlagskörper, groß genug ist, kommt er auch verlässlich am Boden an, und es ergibt sich die Chance auf einen Krater. Was dann passiert, darf man sich aber nicht so vorstellen, wie wenn man einen Stein in eine

Sandkiste wirft. Also, darf man natürlich schon, und es steht auch nicht unter Strafe, wenn man es tut, aber es stimmt halt nicht. Ein Stein würde in einer Sandkiste auf lockeren Sand treffen, mit seiner Bewegungsenergie ein bisschen was davon auf die Seite schieben und einen kleinen Krater hinterlassen. Der muss nicht rund sein, die Form hängt vom Einschlagswinkel ab. Das können Sie im Feldversuch ganz leicht überprüfen. Wählen Sie dazu eine Sandkiste am Spielplatz Ihres Vertrauens, aber Profitipp: immer erst schauen, dass sich in der Flugbahn keine Kinder mit Schaufel und Förmchen befinden, bevor Sie den ersten Stein werfen. Sonst sind Sie danach nicht mehr ohne Sünde, und der Weg ins Himmelreich könnte am Jüngsten Tag versperrt sein.

Krater nach einem Asteroideneinschlag sind aber so gut wie immer rund. Deshalb liegt nicht nur der Verdacht nahe, dass dabei etwas anderes passiert, es ist auch tatsächlich so. Die Erklärung dafür allerdings ist nicht ganz so einfach, wie man auf den ersten Blick meinen könnte. Denn Asteroiden fallen natürlich nicht immer direkt von oben schnurgerade auf die Erde hinunter, wie ein Bungee-Jumper, dessen Berechnungen für die Seilexpansion sich als mangelhaft herausstellen. Dass Krater immer so gut wie rund sind, liegt vor allem an der Geschwindigkeit, mit der die Asteroiden auftreffen. Sie sind praktisch immer deutlich schneller als die Schallgeschwindigkeit, deshalb breitet sich nach dem ersten Treffen der beiden Gesteine eine Stoßwelle mit Überschallgeschwindigkeit aus. Wenn Sie einem Asteroiden nach dem Einschlag nachrufen wollten: »Nicht so laut!«, er würde es nicht hören. Die Stoßwelle breitet sich allerdings nicht nur in eine Richtung aus, sondern in beide, das heißt im Gestein der Erde und auch im Einschlagskörper selbst. Das bleibt nicht ohne Folgen, denn es entstehen Temperaturen von bis 10 000 °C. Zur Erinnerung, falls Sie das schon einmal gehört haben, auf der Sonnenoberfläche beträgt die Temperatur gut

5000 °C, und das gilt gemeinhin als sehr heiß. Falls nicht, viel Vergnügen mit dem neuen Wissen. 10 000 °C gehen nicht als sinnvolle Raumtemperatur durch und lassen auch einen Asteroiden nicht kalt, er wird umgehend verflüssigt und verdampft. Sollte er auf der Flucht gewesen sein, kann man danach sofort alle Phantombilder zum Altpapier geben.

Verflüssigen und Verdampfen klingt eher harmlos, wie in der Küche, wenn man ein Steak erst anbrät und dann die Pfanne mit Wein ablöscht, und dabei passiert tatsächlich etwas Ähnliches, es kommt zu einer Explosion. Dabei handelt es sich vor allem um eine schlagartige Zunahme des Volumens. Bekanntlich braucht ein Gas viel mehr Platz als ein Festkörper oder eine Flüssigkeit, und wenn es darf, nimmt es ihn sich auch. Nach einem Asteroideneinschlag stellt sich das Szenario natürlich ein wenig spektakulärer dar als in einer Bratpfanne. Der auftreffende Felsbrocken explodiert, dem Gestein des Erdbodens geht es aber nicht anders. Etwa dasselbe Volumen, das der Asteroid der Erde als Gastgeschenk mitbringt, verdampft auch umgekehrt. Während dieser sogenannten Kontakt- und Kompressionsphase laufen vom Ort des Einschlags aus Stoßwellen durch das Material des Erdbodens und verdichten das Gestein auf eine ganz charakteristische Weise. Deshalb kann man bei geologischen Gesteinsuntersuchen eindeutig bestimmen, ob ein Krater durch einen Einschlag entstanden ist oder aber durch einen Vulkanausbruch.

Damit ist der Krater allerdings längst noch nicht fertig, denn der Kontakt- und Kompressionsphase folgt die Exkavationsphase. Ähnlich wie beim Kennenlernen von Menschen geht es nach der Kontaktaufnahme und dem Umarmen auch bei Asteroid und Erde danach ans Eingemachte, denn nun wird der eigentliche Krater gebildet. Ein Teil der Stoßwellen ist direkt nach unten gerichtet und presst das Material dort extrem zusammen. Ein anderer Teil der Stoßwellen drückt aber auch gegen die Seiten des von der vorhergegangenen

Explosion ausgehöhlten Bereichs. Dort wird Material nun aus dem sich bildenden Krater hinausgeworfen und landet in einem ringförmigen Sektor um den Einschlagsort. Je nach Wucht des Einschlags kann das ein paar Hundert Meter weit entfernt sein oder aber auch ein paar Hundert Kilometer.

Eigentlich wäre der Krater nun fertig und könnte sich bewundern lassen, aber er bleibt nicht so. Das, was direkt nach dem Einschlag entstanden ist, nennt man deshalb einen transienten Krater. Wer Latein gelernt hat, kann nun wissend nicken, weiß er oder sie doch, dass *transire* vorübergehen bedeutet. Wer nicht über derartige Kenntnisse verfügt, braucht sich aber nicht lange zu grämen, denn sofort nach der transienten Phase beginnt die Modifikationsphase. Modificare, da reicht nun schon Italienisch, heißt nichts anderes als verändern. Und genau das geschieht auch. Hier lässt sich an der Namensgebung nichts bekritteln.

Das Gestein der Erde verhält sich während der extremen Ereignisse des Einschlags nämlich nicht so, wie sich Gestein normalerweise verhält. Aber nicht aus Trotz oder Dünkel, sondern es kann nicht anders, wird quasi weich und kann nach der Bildung des transienten Kraters zurückfedern. Genau in der Mitte des Kraters bildet sich so manchmal ein sogenannter Zentralberg. Leider ist das Schauspiel oft nur von kurzer Dauer, der Berg kollabiert wieder, in der Regel noch vor der Erstbesteigung. Dadurch entstehen Stoßwellen, und um den Rand des Kraters herum bildet sich eine Art Ringwall. Je nachdem, wie groß die Wucht des Einschlags war, können sich auch mehrere Ringe bilden. Endergebnis dieses kosmetischen Eingriffs: Der Krater ist nun deutlich größer als vorher, ohne Zuhilfenahme von Silikon. Solche Krater mit Zentralbergen und Ringen nennt man komplexe Krater. Einfache Krater gibt es auch, aber die haben all das nicht zu bieten, was sich in ihrem Namen niederschlägt. Welche Ausmaße ein Krater erreichen wird, lässt sich übrigens vor dem Impact nicht exakt vorhersagen. Wenn Sie einen Asteroiden im Landeanflug beobachten, und neben Ihnen macht sich wer wichtig, indem er die Größe des Kraters prognostiziert, dann können Sie das getrost überhören. Abgesehen davon, dass Sie in der Regel gleich ganz andere Probleme bekommen, wenn Sie einen Asteroiden vor dem Einschlag sehen können.

Als grobe Annäherung gilt aber immerhin, dass der Durchmesser des Kraters ungefähr zehn Mal so groß wird wie der des Einschlagskörpers. Und damit auf der Erde ein komplexer Krater entstehen kann, muss das einschlagende Objekt mindestens zwei bis vier Kilometer groß sein. Müssen wir auch damit rechnen, dass wieder einmal ein größerer Brocken vorbeischaut, oder sind wir sicher? Im Schnitt schlägt auf der Erde alle 60 Jahre ein Asteroid mit 20 Metern Durchmesser ein, alle 73 000 Jahre einer mit einem Durchmesser von 300 Metern Größe. Klingt so mittelberuhigend, aber im Schnitt bedeutet leider auch, dass es jetzt gleich passieren kann, und dann gleich wieder und dann noch einmal, womit wirklich niemand gerechnet hat, dafür danach wieder länger nicht.

Immerhin kann man sich als Österreicherin oder Österreicher einmal ordentlich im Vorteil wähnen gegenüber den deutschen Nachbarn. Im Fußball verlieren wir fast immer, unsere Volkswirtschaft ist vergleichsweise ein Scherz, aber was Asteroidensicherheit betrifft, haben wir die Nase vorne. Denn Asteroiden suchen sich ihren Landeplatz nicht aus, sondern nehmen, was sie erwischen. Viele landen im Meer, weil davon gibt es auf der Erdoberfläche am meisten, aber wenn sie am Land aufschlagen, dann ist die Landesfläche entscheidend. Da steht Deutschland nach Wiedervereinigung wieder auf der Roten Liste, Österreich saß zwar jahrhundertelang erste Reihe fußfrei, aber seit der Erste Weltkrieg so krachend verloren gegangen ist, kann man sich bei uns vor Asteroiden wieder viel sicherer fühlen. Wenn also im Jahre 2018 des Endes des Ersten Weltkriegs

vor hundert Jahren gedacht werden wird, so sollte bei den Feierlich-
keiten nicht unerwähnt bleiben, dass die Wahrscheinlichkeit, von
einem Asteroiden getroffen zu werden, seit damals deutlich gesunken
ist. Es war nicht alles schlecht damals, und es ist eigentlich eine
Schande, dass dieser Umstand weder in der zeitgenössischen Ge-
schichtsschreibung noch bei den Vorbereitungen zum Jubiläum
bisher die entsprechende Beachtung gefunden hat. ✓

»Wie ist die
Beziehung von
Lauge und Gebäck?«

Kurze Antwort:

--→ Oberflächlich. ✓

Lange Antwort:

--→ Wer wann und warum das Laugengebäck erfunden hat, lässt sich heute nicht mehr mit Bestimmtheit sagen, aber dass es entweder in Bayern oder am Fuße der schwäbischen Alb erstmals aufgetaucht ist und seitdem immer beliebter wird, schon. Wenn ein Spurensicherer auf dem Oktoberfest gezwungen wäre, die Inhaltsstoffe einer Sprühpizza zu bestimmen, die ein flüchtiger Delinquent vor einem Festzelt hinterlassen hat, so würde er im Erbrochenen natürlich hauptsächlich Bier finden, vermutlich auch entweder Grillhendl- oder Bratwurststücke und mit großer Wahrscheinlichkeit Reste von Laugengebäck. Der Siegeszug dieser seifig-glänzenden Backwaren in den letzten Jahren ist wahrlich beeindruckend. Aber was macht eigentlich die Lauge, wenn sie sich mit dem Teig trifft, und warum schaut ein Laugenstangerl so anders aus als eine Semmel und unterscheidet sich auch im Geschmack, obwohl beide einigermaßen ähnlich hergestellt werden?

Bevor man in die Vollen greift, muss man zuerst entscheiden, ob man sich an der schwäbischen oder bayrischen Methode orientieren möchte. Denn danach richten sich die Zutaten. In Bayern wird gemeinhin mit Wasser und wenig Butter gebacken, die schwäbische Variante zieht Milch vor und von der Butter nicht zu knapp. Weiters stoßen zum Ensemble Weizenmehl, Salz, Zucker und Hefe, auf Österreichisch Germ. Mehl liefert die Kohlehydrate. Wobei es sich dabei genauer um langkettige Zuckermoleküle handelt. Wer erleben will, dass es sich bei dieser Stärke wirklich um Zucker handelt, kann ein Stück Brot oder Semmel sehr lange im Mund zerkauen und wird merken, wie sich langsam ein süßlicher Geschmack einstellt. Diese Zuckermoleküle dienen der Hefe als Nahrung. Die soll ja die Stärke verdauen und dabei Kohlendioxid ausscheiden, damit der Teig locker wird und aufgeht. Salz und Zucker kommen aus geschmackssensorischen Gründen dazu. Salz versteht man leicht, aber warum Zucker? Zucker gehört zu den ersten Dingen, die wir schmecken, wenn wir als Neugeborene an der Brust der Mutter andocken und Milch raussaugen. Deshalb empfinden wir süßen Geschmack in der Regel als angenehm, auch wenn ins Laugengebäck nur wenig Zucker kommt und der Geschmack unter ferner liefen firmiert. Butter, also Fett, bindet als Geschmacksträger viele Aromastoffe und schmeckt genau deshalb so gut. Auch wenn es in der Kombination *erhöhte Blutfettwerte* gemeinhin nicht als Crowd Pleaser gehandelt wird. Ohne Flüssigkeit wäre das alles aber eine trockene, bröselige Angelegenheit, eher geeignet, um eine im Winter vereiste Garagenauffahrt zu streuen, und würde sich kaum zu einem Teig verarbeiten lassen. Deshalb kommt noch Wasser dazu oder Milch, die ja ebenso hauptsächlich aus Wasser besteht.

Die langkettigen Zuckermoleküle sind zwar in der Lage, Wasser zu binden, aber nicht von allein, und sie brauchen dazu ein wenig Hilfe vom Knethaken. Und danach eine strenge Hand. Bevor der Teig nämlich rasten darf, muss man ihn noch mechanisch beamtshandeln, also fest durchwalken und kneten, damit sich die Proteine, also Eiweiße, die auch im Mehl wohnen, miteinander vernetzen und das Kohlendioxid nicht entkommen lassen. Als Test, ob man sich am richtigen Weg befindet, kann gelten, dass nach dem Kneten mit der bloßen Hand keine Teigpartikel an der Hand kleben bleiben sollten und der Teig eine kaugummiartige Konsistenz besitzt. Ist beides gegeben, darf der Massierte Pause machen und rasten. Oder gehen, wie man in manchen Gegenden auch dazu sagt und dasselbe meint. Oder sogar aufgehen, obwohl er mit einer Sonne wirklich nichts gemein hat. Im Anschluss fällt die formale Entscheidung: Stangerl, Weckerl oder Brezeln. Das ist Geschmackssache. Entscheiden wir uns im vorliegenden Fall für Stangerl. Die verfügen sich nach dem Gerolltwerden dorthin, woher bei John le Carré einst der Spion kam, nämlich in die Kälte. Absteifen nennt man fachsprachlich die Prozedur, bei der die Teiglinge im Gefrierfach abgekühlt und hart werden und die Oberfläche ihren Glanz einbüßt. Aber nur vorerst.

Nach dem Absteifen steht Belaugen im Programm. Klingt ein bisschen wie der Stundenplan in einem Wellnesshotel. Und was genau die Teiglinge dabei empfinden, wissen wir tatsächlich nicht, vermutlich aber nichts. Und das ist gut so, denn ein Bad in der Lauge wäre für lebende Organismen nicht sehr empfehlenswert. Auch ein Teil der Hefezellen lässt hier sein Leben, der Rest stirbt später im Backofen. Die Konzentration der Natronlauge, die beim Belaugen zum Einsatz kommt, ist allerdings sehr gering. 4 Prozent sind üblich und auch gesetzlich erlaubt, das bedeutet, dass 40 g Natriumhydroxid in einem Liter Wasser aufgelöst werden. Ins Auge träufeln sollte man sich diese Lösung natürlich trotzdem nicht, aber im Grunde ist sie für uns ungefährlich. Laugenstangerl zu backen ist keine Extremsportart. Falls Sie vielleicht Haarrisse an den Fingern haben, wie das im Winter bei trockener Luft vorkommen kann, oder eine kleine Schnittwunde, was auch schnell einmal passiert und normalerweise kein Malheur darstellt, kann es etwas brennen. Deshalb empfiehlt es sich, beim händischen Belaugen zur Sicherheit Einweghandschuhe anzuziehen. Was an der Wursttheke Unfug ist (siehe Frage 26), sollte man beim Belaugen beherzigen. In hoher Konzentration ist die Lauge natürlich sehr wohl gefährlich, in dieser Form verwendet man sie etwa, um Biertanks von bakteriellen Verunreinigungen zu befreien. Denn durch die Lauge werden Proteine, aus denen unter anderem die Zellmembran von Bakterien besteht, denaturiert, also entfaltet, und verlieren ihre Funktion. Das erschwert den Bakterien ihr Leben erheblich, und so kann man sie aus den Tanks und dem Bier fernhalten. Auch die Natriumhydroxid-Plätzchen sind, bevor man sie im Wasser auflöst, hoch konzentriert. Würden Sie sich so ein Plätzchen auf die Handfläche legen, würde sich die Haut ziemlich schnell aufzulösen beginnen und eine punktförmige Wunde hinterlassen. So etwas ist allerdings nur jenen zu empfehlen, die gerne einen Wallfahrtsort stiften möchten und zur Firmengründung frische Stigmata brauchen. Alle anderen sollten eher Handschuhe überziehen. Und vor allem bei der Lagerung aufpassen. Äußerlich erinnern die Plätzchen nämlich an die Milchzuckerkügelchen, die man beim Homöopathen bekommt. Wer also, aus welchen Gründen auch immer, zufällig Globuli zu Hause hat, sollte sie jedenfalls getrennt von den Natriumhydroxid-Plätzchen verwahren. Sonst hat Homöopathie plötzlich doch eine Wirkung.

Zurück zum Backvorgang. Ist die Oberfläche der Stangerl schließlich vollständig mit Lauge benetzt, kommen sie auf eine Silikonmatte oder ein Backblech. Aber Vorsicht, vermeiden Sie Aluminiumfolien oder Alubleche. Warum? Die Lauge reagiert mit dem Aluminium, und dabei wird Wasserstoff frei. Wenn man den auffängt und entzündet, explodiert er. Die Gefahr, dass der Backofen explodiert, wenn man beim Backen raucht, ist sehr gering. Ungünstiger für das Gebäck ist allerdings die restliche Reaktion, die man sich normalerweise beim Abflussrohrreinigen zunutze macht. Das Aluminium wird dabei von der Lauge völlig aufgelöst, es entsteht eine schwarzgraue Suppe, organische Materialien in der Umgebung werden zersetzt, und durch den Wasserstoff kommt es zu einem Sprudeleffekt, der darüber hinaus noch in geringem Maß für eine mechanische Reinigung sorgt. Das ist im Abflussrohr erwünscht, aber auf dem

Backblech keineswegs, denn Zersetzung von organischem Material bedeutet dort, dass die Laugenstangerl ungenießbar werden.

Sind die rundum mit Lauge befeuchteten Teiglinge aber glücklich auf einer alufreien Unterlage gelandet, müssen sie, wenn es sich um die schwäbische Variante handelt, noch mit einer Rasierklinge oder einem Teppichmesser an der Oberseite eingeschnitten werden. In Bayern macht man das nicht, und es liegen auch keine kulinarisch-physikalischen Gründe vor, sondern ausschließlich ästhetische. Eingeschnittene Laugenstangerl schauen einfach ein wenig anders aus, aber deshalb zu sagen, bei den schwäbischen Exemplaren würde es sich um die Burschenschafter unter den Laugenbackwaren handeln, ginge entschieden zu weit.

Im Anschluss mit grobem Meersalz bestreuen und dann ab ins Rohr. Nun zeigt sich bei etwa 220 °C, was Hitze und Natronlauge gemeinsam vollbringen können. Im Weizenmehl befinden sich nicht nur Zuckermoleküle, sondern eben auch Proteine, und die werden durch die Lauge aufgefaltet. Das legt die Grundbausteine der Proteine frei, die Aminosäuren, die wiederum in einer Kaskade von Reaktionen, die insgesamt als Maillard-Reaktion bekannt sind, mit den Zuckermolekülen reagieren. Entdeckt wurde sie vom französischen Arzt und Chemiker Louis Camille Maillard Anfang des 20. Jahrhunderts, und sie beschreibt, dass ab ungefähr 140 °C die bei uns Menschen so beliebten Röstaromen entstehen. Sie kommen beispielsweise in der Brotkruste vor, in frisch gerösteten Kaffeebohnen oder an der Oberfläche von angebratenen Steaks. Und eben auch in der Hülle von Laugenstangerln.

Das ist aber erst die halbe Miete. Denn das Natriumhydroxid, also die Natronlauge, reagiert im Backofen mit Kohlendioxid zu Natriumcarbonat, was zur charakteristisch glänzenden Oberfläche und dem typischen, leicht seifigen Geschmack führt. Nach wenigen Minuten im heißen Ofen sind die Laugenstangerl fertig und können nach einer kurzen Abkühlphase umgehend genossen werden. Dabei sollten Sie nicht vergessen, kräftig einzuatmen, denn flüchtige Aromastoffe, die beim Kauen freiwerden, finden so ihren Weg in die Nase, werden gebunden und tragen wesentlich zum Geschmackserlebnis bei. Wenn also jemand in Ihrer Umgebung stark atmet beim Essen, dann handelt es sich nicht um einen schnaufenden Vielfraß, sondern um einen routinierten Genießer. ✓

Rezept à la Grazer Geschmackslabor

Zutaten (ca. 15 Stück Laugenstangerl):
21 g Hefewürfel (Germ, frisch)
270 ml Milch (lauwarm, ca. 30 °C)
500 g Weizenmehl (Österreich: Typ 480; Deutschland: Typ 405)
50 g Butter
13 g Salz
6,5 g Zucker
grobes Meersalz zum Bestreuen
20 g Natriumhydroxid-Plätzchen

Zubereitung:

Einen halben Hefewürfel (21 g) in 270 ml lauwarmer Milch auflösen. Das Hefe-Milch-Gemisch mit 500 g Weizenmehl, 50 g Butter, 13 g Salz und 6,5 g Zucker in einer großen Schüssel vermengen und mit einem Knethaken gut verrühren. Dann die Masse 5–7 Minuten mit der Hand verkneten und anschließend 10 Minuten zugedeckt bei Raumtemperatur rasten lassen.

Den Teig zu einer langen Wurst formen und in ca. 15 gleich große Teile schneiden, aus denen die Stangerl geformt werden. Danach die Teiglinge für mindestens 15 Minuten in den Kühlschrank (4 °C) oder, noch besser, in eine Tiefkühltruhe (−20 °C) legen, um sie abzusteifen.

Die kühlen und steifen Stangerl in 4%-ige Natronlauge (20 g Natriumhydroxid-Plätzchen in 500 ml Wasser auflösen) tauchen, gut abtropfen lassen und auf eine Silikonmatte/Backblech legen. Die benetzten Stangerl mit einem scharfen Messer einritzen, mit grobem Meersalz bestreuen und für 10–15 Minuten, je nach Größe, ins Backrohr (200–220 °C, Umluft) geben. Wenn die Laugenstangerl eine dunkelbraune Färbung haben, können sie herausgenommen und am besten lauwarm gegessen werden.

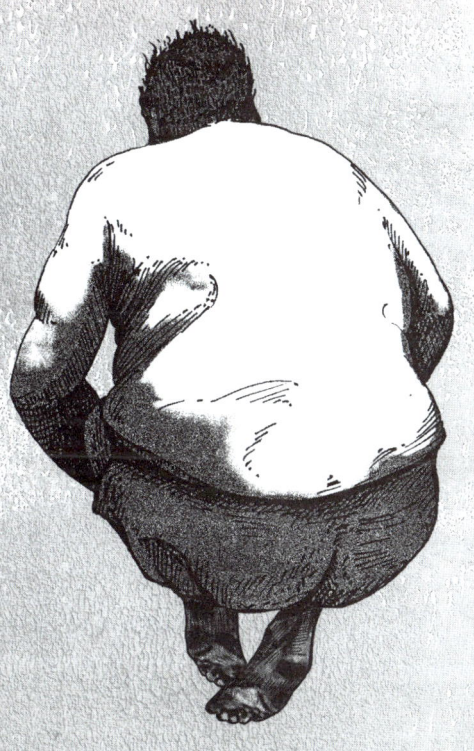

»Warum gibt es
Gravitationswellen?«

Kurze Antwort:

--→ Weil Albert Einstein eine Frage beantwortet hat, die Isaac Newton nicht beantworten konnte. ✓

Lange Antwort:

--→ Im Februar 2016 hat es ein Erfolg auf dem Gebiet der Naturwissenschaften weltweit in die Schlagzeilen geschafft, was grundsätzlich schon sehr selten gelingt, aber umso überraschender war, weil das Phänomen, um das es ging, nämlich Gravitationswellen, nicht ganz einfach zu verstehen ist. Trotzdem war das Hallo noch immer enorm, als wenig später ein zweiter Nachweis gelang, im Mai 2017 bereits der dritte, und es müsste schon mit dem Teufel zugehen, wenn es dafür nicht schon kurz nach Erscheinen dieses Buchs – Ende September 2017 – oder spätestens im Jahr darauf den Physik-Nobelpreis gibt. Aber was ist daran so besonders, wenn man die Wellen von etwas misst, nämlich der Schwerkraft, deren Gesetze uns seit Jahrhunderten durch Isaac Newton bekannt sind und die uns schon seit jeher beeinflusst?

Gravitationswellen gibt es schon sehr lange, eigentlich seit immer, genauso lange, wie es Gravitation gibt, aber erst seit hundert Jahren, erst seit Albert Einsteins Arbeit wissen wir von ihrer Existenz. Wie ist er draufgekommen? Durch eine Freundschaftsanfrage? Nein. Isaac Newton konnte noch nicht erklären, wie beziehungsweise ob sich die Gravitationskraft ausbreitet. Jetzt mögen Sie einwenden: »Na und, kann ich auch nicht!« Das dürfte aber hauptsächlich daran liegen, dass Sie nicht als Jahrhundertgenie gehandelt werden. Von

Ihnen erwartet das niemand. Von einem wie Newton schon. Seiner Theorie nach war Gravitation etwas, das instantan wirkt; etwas, das unendlich schnell sein muss. Und damit war Einstein bekanntlich nicht einverstanden, denn seiner Meinung bzw. seiner Relativitätstheorie nach kann sich nichts schneller im Raum bewegen als Licht. Und er hat darüber hinaus die Gravitation als Eigenschaft des Raumes selbst beschrieben. Also genau genommen als Eigenschaft der Raumzeit. Und das war und ist bis heute die bessere Erklärung.

»Na spitze, Raumzeit«, mögen Sie nun leise vor sich hin murmeln, »brauche ich im Alltag nie.« Brauchen Sie doch, und es ist auch ganz leicht zu verstehen, worum es sich dabei dreht. Objekte bewegen sich auf geraden Linien durch den Raum. Das machen sie einfach, das können Sie so hinnehmen, ohne es zu hinterfragen. Jedes Objekt mit einer Masse krümmt den Raum aber auch, und dadurch ändert sich seine Bewegung. Da schon kommen Sie ins Spiel, denn auch Sie krümmen mit Ihrer Masse den Raum. Cool, oder? Bei Ihrer Masse zwar wirklich nur marginal, nicht der Rede wert, aber Sie tun es doch, und wenn es Sie glücklich macht, können Sie das als Soft Skill in Ihren Lebenslauf schreiben. Die Kraft, die wir als Gravitation kennen, ist laut Einstein also nichts anderes als die Art und Weise, wie wir die Krümmung des Raumes wahrnehmen.

Das wäre also die Gravitation, aber wo sind ihre Wellen? Einstein hat außerdem zeigen können, dass sich Veränderungen in der Gravitationskraft, also in der Krümmung des Raumes, nicht unendlich schnell ausbreiten, sondern nur mit Lichtgeschwindigkeit. Und das ist deutlich langsamer als unendlich schnell, wie es Isaac Newton noch angenommen hat. Aber genau hier verstecken sich die Gravitationswellen! Bevor Sie nun »Wo genau?« fragen können und ich Ihnen mit Kälter und Wärmer weiterhelfen muss, sage ich es Ihnen gleich: Gravitationswellen *sind* die sich mit Lichtgeschwindigkeit ausbreitenden Veränderungen in der Krümmung des Raums. Das heißt, sie bewegen sich nicht durch den Raum, sondern sind quasi Sachen, die der Raum selber macht. Das klingt für alle, die das zum ersten Mal hören, einigermaßen ungewöhnlich, und das war es auch für Einstein, der anfangs selber nicht glauben wollte, was er da entdeckt hat.

Die Publikationsgeschichte war entsprechend kurios. Im Jahr 1916 hat er erstmals öffentlich erklärt, dass es Gravitationswellen gebe, aber 1918 noch einmal ein wenig korrigiert, weil er zwei Jahre zuvor einen kleinen Rechenfehler gemacht hatte. Eine ziemlich späte Nachschularbeit. Im Jahr 1936 wollte er gemeinsam mit einem Kollegen eine weitere Arbeit zu diesem Thema in einer Fachzeitschrift veröffentlichen. Diesmal war er schon wieder der Meinung, es könne doch keine Gravitationswellen geben, alles sei nur ein mathematischer Effekt, aber kein reales Phänomen. Der Gutachter der Fachzeitschrift merkte allerdings an, dass ein paar Dinge in Einsteins Arbeit mathematisch nicht ganz korrekt waren. Das ist sein gutes Recht, dafür ist er da, und deshalb ist das, was in wissenschaftlichen Fachzeitschriften publiziert wird, auch deutlich seriöser als das Zeug in bunten Sonntagszeitungsbeilagen. Wie hat der große Albert Einstein reagiert? Tintenkiller oder Durchstreichen und die Verbesserung daneben hinschreiben? Keines von beiden. Er war über diese Majestätsbeleidigung vielmehr so erbost, dass er den Text zurückzog und erst ein Jahr später in einer anderen Zeitschrift publizierte. Und mittlerweile war ihm klar geworden, dass er sich ein weiteres Mal geirrt hatte; in der neuen Arbeit waren die Gravitationswellen deshalb wieder real. Der große Albert Einstein als beleidigte Leberwurst. Wer hätte das gedacht.

Bis man Gravitationswellen im Experiment nachweisen konnte, hat es aber noch einmal achtzig Jahre gedauert. Weil das nämlich noch schwieriger ist, als sie zu berechnen. Wenn man sie entdecken, also nachweisen möchte, muss man erst einmal wissen, woher sie kommen können. Sie haben keinen Absender drauf, aber man weiß inzwischen ganz gut, wo ihre Aufgabepostämter liegen. Und unterscheidet, je nach Ursprung, drei verschiedene Typen von Gravitationswellen. Erstens die kontinuierlichen. Die werden, wie der Name schon sagt, dauernd ausgesendet. Sie können von rotierenden, extrem kompakten und massereichen Objekten erzeugt werden. Von Neutronensternen etwa, den Überresten großer Sterne. Das Besondere an Neutronensternen ist ihr Verhältnis von Masse zu Durchmesser. Ein Neutronenstern ist schwerer als die Sonne, aber nur ein paar Dutzend Kilometer groß. Also ein extremer Fettlachs, würde man meinen, wäre er nicht derart beweglich. Er rotiert unglaublich schnell um seine Achse, typischerweise ein paar Hundert Mal pro Sekunde. Und wenn ihm schwindlig wird, gibt es Gravitationswellen. Stark vereinfacht gesagt natürlich. Die zweite Art von Gravitationswellen stammt von dichten, massereichen Objekten, die einander umkreisen. Das können zwei Schwarze Löcher sein, und die Wellen solcher einander umkreisenden Schwarzen Löcher waren auch die ersten, die man messen hat können. Und schließlich gibt es noch »explosive Gravitationswellen«, die von Supernova-Explosionen oder ähnlich katastrophalen Vorkommnissen stammen können.

Die könnte man grundsätzlich auch messen, aber wir noch nicht. Da wir noch nicht im Detail verstehen, was dabei abläuft, lässt sich auch nicht im Detail vorhersagen, wie die entsprechenden Gravitationswellen aussehen würden. Gravitationswellen entstehen ziemlich weit entfernt von der Erde, was gut ist, denn die Ereignisse, die dazu führen, müssen als ungemütlich eingestuft werden. Deshalb brauchen diese Wellen aber auch einigermaßen lange, bis sie bei uns sind. Die ersten beiden, die man am LIGO, dem Laser-Interferometer-Gravitationswellen-Observatorium in den USA, detektiert hat, waren rund 1,4 Milliarden Jahre unterwegs. Heißt das, bei so einer Gravitationswelle darf man nicht aufs Ablaufdatum schauen, sondern muss froh sein, dass sie gut angekommen ist? Im Gegenteil. Beim Detektieren schaut man genau darauf, man will ja ganz exakt sagen können, von wo im Universum die Wellen stammen. Leider sind die aktuellen Messinstrumente zwar gut genug, um Gravitationswellen zu messen, was schon sensationell ist, aber um ihre Herkunft im Universum exakt zu bestimmen, dafür reicht es leider nicht. Warum ist es eigentlich so kompliziert, Gravitationswellen überhaupt nachzuweisen? Gibt es die so selten?

Gar nicht, eigentlich wie Sand am Meer. Das Universum ist voll damit, aber sie sind so schwach, dass wir sie nur mit größter Mühe messen können. Die Gravitation ist nämlich eine enorm schwache Kraft. Obwohl 7 Milliarden Menschen und alle Häuser nicht ins All fliegen, sondern am Boden picken bleiben, was natürlich keine schwache Leistung der Schwerkraft der Erde ist. Aber schon ein Kühlschrankmagnet, ein kleiner, nicht besonders starker, kann sich locker gegen die Schwerkraft der gesamten Erde behaupten und fällt nicht auf den Boden. Und er siegt wirklich, die Erde lässt ihn nicht gewinnen, damit er sich freut.

Weil die Gravitation so schwach ist, gilt das auch für Gravitationswellen. Trotzdem ist es gelungen, sie zu messen. Aber wie? Wenn eine Gravitationswelle beispielsweise durch unseren Planeten hindurchläuft, dann streckt sie die Erde zuerst ein kleines bisschen und staucht sie danach zusammen. Das merkt man im Alltag aber nicht. Alle Längen, alle Abstände ändern sich, da es ja der Raum selbst ist, der durch die Gravitationswelle verändert wird.

Das heißt, für einen Beobachter, der selber im Raum ist, und anders geht es ja im Universum nicht, bleibt alles gleich. Aber es gibt eine Methode, und die hat man im LIGO eingesetzt. Wenn man einen Laserstrahl nimmt und mit einem sogenannten »Interferometer« in zwei Strahlen aufspaltet, sodass sie sich genau im rechten Winkel voneinander wegbewegen und nach einer gewissen Distanz von einem Spiegel zurückgeworfen werden, dann treffen sich die beiden Strahlen, wenn man alles richtig macht, im Ausgangspunkt wieder und löschen sich gegenseitig aus. Wenn jetzt aber eine Gravitationswelle durch die LIGO-Anlage durchläuft, dann wird die Anlage komprimiert bzw. gestreckt. Aber nicht überall gleich, und deshalb ist ein Lichtstrahl früher retour als der andere. Die Strecke, die das Licht durchlaufen muss, ändert sich, die Laserstrahlen löschen sich bei der Ankunft nicht mehr aus.

Und dann gibt es ein Signal im Detektor und weltweite Schlagzeilen. Das klingt einfach, ist aber enorm kompliziert, und deshalb war nicht nur der Rummel gerechtfertigt, sondern goes auch ein kommender Nobelpreis without saying. Die Gravitationswellenastronomie verspricht eine revolutionäre Technik zum Verständnis des Universums zu werden. Denn damit können wir in Bereiche des Universums »schauen«, die uns bisher verschlossen waren, einfach, weil der Blick verstellt ist durch Staub, Nebel, andere Objekte oder weil das Untersuchungsobjekt zu weit weg ist für unsere Teleskope. Gravitationswellen lassen sich von solchen Kleinigkeiten nicht aufhalten, und deshalb wird es sehr viel einfacher, mit ihnen das Universum genau zu erforschen. Und besser zu verstehen. Weil sie aus den auch zeitlichen Tiefen unseres Universums stammen.

Gravitationswellen sind quasi lange verschollen geglaubte Zeugen der Vergangenheit. Oder, um es ganz volkstümlich auszudrücken, damit Sie sofort nach Ende des Kapitels Ihre Umgebung als Fachkraft in Gravitationswellenastronomie beeindrucken können, vergleichen wir ausnahmsweise eine Gravitationswelle mit einem Furz. Nicht ungehalten werden, gleich werden Sie sehen warum. Jeder Furz, den Sie einatmen, stammt aus der Vergangenheit. Während Gravitationswellen maximal mit Lichtgeschwindigkeit unterwegs sind, bewegt sich ein Furz eben mit der Geschwindigkeit, mit der sich ein Furz so ausbreitet. Und so wie eine Gravitationswelle einen Detektor erreicht, so ist Ihre Nase die Messanlage für den Furz. Die nachgewiesenen Gravitationswellen, die ja rund 1,4 Milliarden Jahre unterwegs waren, sind in unserem Gedankenexperiment also ein Furz von einem der allerersten vielzelligen Organismen, den dieser primitive Organismus vor unglaublich langer Zeit gelassen hat. Quasi ein Urzeitschas. Der dort, wo er gelassen wurde, längst verduftet ist, aber sich seitdem im Wind verbreitet, aufgeteilt und verdünnisiert hat, sodass das, was Sie riechen, nur noch ein feines Lüftchen dessen ist, was es einmal war. Das heißt, auf diese Weise könnte man anhand der Fürze die Lebewesen der Vergangenheit erforschen. Ein Dinosaurierfurz, ein Säbelzahntigerfurz, ein Mammutfurz wären dann Zeugen der Vergangenheit.

Bevor nun aber jemand einstimmt und fragt, ob ab jetzt jede Publikation mit »Salomo, der Weise spricht« beginnen müsse, sollten Sie rasch stoppen mit der Analogie, denn erfahrungsgemäß wird es gerne als Einladung zur Unflätigkeit verstanden, wenn man sich zu lange beim Thema Flatulenzen aufhält. Der Nächste fragt dann, ob die Messung auch dann gültig ist, wenn Material mitkommt, und dann war Ihre ganze Aufklärungsarbeit in Sachen Gravitationswellenastronomie umsonst. ✓

»Wie lang ist ein Meter?«

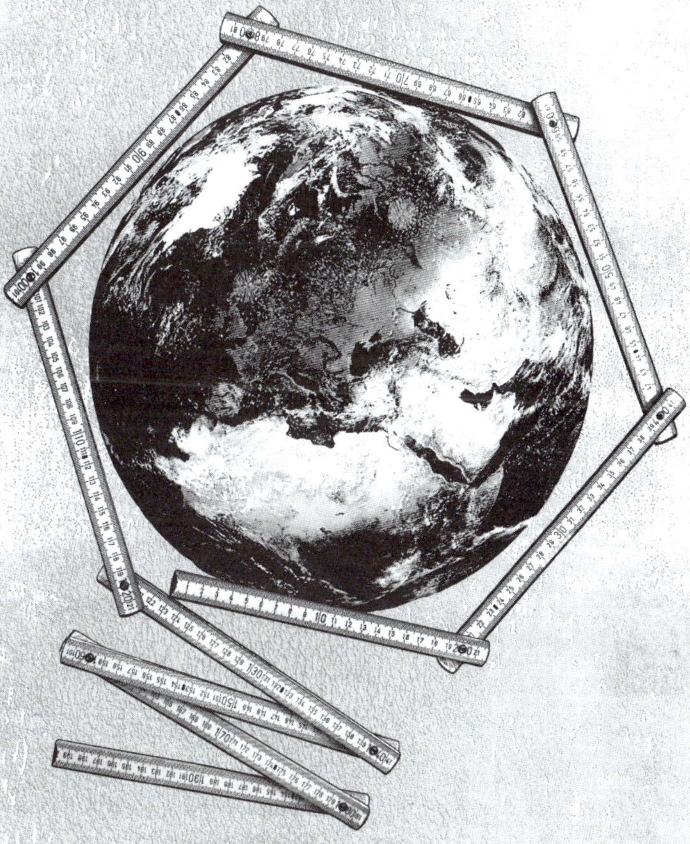

Kurze Antwort:

--→ Urlang oder sogar noch länger. ✓

Lange Antwort:

--→ Wenn Sie einmal in Ihren Spamordner schauen, werden Sie feststellen, dass es vielen Menschen nicht egal ist, wie lang etwas ist. Und auch wenn die Beweggründe heute andere sein mögen als vor einem Vierteljahrtausend, haben sich die Menschen auch damals schon hartnäckig mit Längenmessung beschäftigt.

Aus gutem Grund. Denn früher hat man alles Mögliche als Maßstab für Längeneinheiten benutzt. Die Grundlage dafür waren im Allgemeinen die menschlichen Gliedmaßen. Es gab Elle, Fuß, Klafter, Handspanne, Fingerbreit und dergleichen mehr. Bei Arschin handelt es sich übrigens auch um ein altes Längenmaß. Wer nun aber glaubt, er habe bereits die weibliche Form vor sich, hat wohl nicht mit der Arschine gerechnet.

Das Problem all dieser Maßeinheiten war natürlich ihre Beliebigkeit. Dadurch, dass der menschliche Körper Vorbild stand, der sich von Mensch zu Mensch, Gegend zu Gegend erheblich unterschied, konnte die Elle in einer Stadt länger oder kürzer sein als in einer anderen Stadt. Und noch früher, als man diese Einheiten nicht nur von den Gliedmaßen abgeleitet hat, sondern auch noch tatsächlich die realen Gliedmaßen nutzte, um abzumessen, war es völlig chaotisch. Wer da etwa beim Schneider fünf Ellen Stoff kaufte, konnte mehr oder weniger bekommen. Man nahm nämlich die angewachsenen, durchbluteten Arme des lebendigen Schneiders und nicht die mazerierten

Ellenknochen eines verstorbenen Meisters, was immerhin noch für gewisse Normierung gesorgt hätte. Es war also nur eine Frage der Zeit, bis der Fortschritt in Handel und Handwerk und Wissenschaft und Technik nach verlässlicheren Maßen verlangte.

Die Welt begann immer weiter zusammenzuwachsen, die Geschäfte zwischen den Städten und Ländern nahmen zu, es brauchte eine einheitliche Definition und idealerweise eine, die einerseits nichts mit dem so wechselhaften menschlichen Körper zu tun hat und andererseits unabhängig ist von Wetter und Weltenlauf. Deshalb kam man früher oder später mit der Astronomie ins Geschäft, denn Planeten, Sterne und Galaxien sind deutlich langlebiger und beständiger als die Menschenwelt. Sie werden von Naturgesetzen regiert, denen unser menschliches Handeln völlig egal ist. Hier konnte man sich auf die Suche nach einer unverrückbaren Basis für eine fundamentale Längenskala machen. Und hat es auch getan. Definiert werden sollte das Meter damals über den »Erdquadranten« auf dem »Meridian von Paris«. Der zehnmillionste Teil der Linie, die vom Nordpol direkt durch Paris bis zum Äquator reicht, sollte in Zukunft exakt einem Meter entsprechen. Ursprünglich hieß er übrigens das Meter, aber nachdem sich umgangssprachlich die männliche Form derart durchgesetzt hatte, dass kaum noch wer das Neutrum verwendete, ist auch offiziell im Laufe des 20. Jahrhunderts auf Maskulinum umgestellt worden.

In den 1790er Jahren, noch während der Französischen Revolution, setzte der französische Nationalkonvent diese Definition offiziell fest und schickte zwei französische Wissenschaftler auf den Weg, um Messungen vorzunehmen. Die beiden Astronomen Jean-Baptiste Delambre und Pierre Méchain starteten von Paris aus in unterschiedliche Richtungen, Delambre nach Norden an die Küste, um in Dünkirchen mit der Arbeit zu beginnen, und Méchain Richtung Süden nach Spanien. Die Distanz zwischen Barcelona und der nördlichen

Küste Frankreichs sollte exakt vermessen werden. Die Erwartungen waren entsprechend groß, wie man an den Worten sieht, die der berühmte Chemiker Antoine Laurent de Lavoisier den beiden auf die Reise mitgab: »Vergessen Sie nicht, dass Sie die wichtigste Mission ausführen, mit der jemals ein Mensch betraut wurde, dass Sie für alle Nationen dieser Welt arbeiten und dass Sie die Vertreter der Akademie der Wissenschaften und aller Gelehrten des Universums sind.« Land vermessen können auch heute die meisten Menschen nicht, nicht einmal erklären, wie das geht, aber damals war es noch deutlich schwieriger. Die beiden Astronomen brauchten auf der gesamten Strecke markante Punkte, die in Sichtweite voneinander lagen: Kirchtürme, Berge, hohe Häuser, was auch immer. Von jedem dieser Vermessungspunkte mussten zwei weitere Vermessungspunkte sichtbar sein; mit ihren Teleskopen vermaßen die Astronomen dann die Sichtwinkel zwischen all den Punkten, um so ein Netz aus Dreiecken über das ganze Land zu legen. Triangulation nennt man dieses klassische Verfahren der Landvermessung, und damit konnten sie nach getaner Arbeit exakt die Länge der Strecke berechnen, nämlich den Teil des Meridians vom Nordpol über Paris zum Äquator, der genau durch Frankreich verläuft.

Bevor die Arbeit aber getan war, hatten die beiden einiges zu erleben und vor allem auch zu überleben. Die Arbeit selber war schon schwer und die Reisen beschwerlich, aber in einem Land, in dem zu dieser Zeit noch Revolution herrschte, war es oft keine gute Idee, mit einem Fernrohr auf einen Kirchturm zu steigen und in der Gegend herumzuschauen. Zumindest, wenn man nicht im Poesiealbum unter Hobbys »Für einen feindlichen Spion gehalten werden« stehen hatte. Beide haben aber überlebt, ihre Arbeit schließlich beendet, und nachdem alle Dreiecke vermessen und die Daten ausgewertet waren, konnten Delambre und Méchain die Länge des neuen Meters verkünden, das dann in Form des »Urmeters« auch sichtbar gemacht wurde. Ein Platinstab mit exakt den Abmessungen, die aus den Berechnungen der beiden Astronomen folgten, wurde erstellt und als offizieller Prototyp und Grundlage für kommende Längenmessungen in Paris aufbewahrt.

Kurze Zeit waren alle glücklich, denen das neue Längenmaß am Herzen lag, aber eines Tages ergaben neue Messungen: Das Meter war zu kurz! Wenn per Definition einem Meter der zehnmillionste Teil des Meridianbogens vom Nordpol über Paris bis zum Äquator entsprechen soll, dann muss dieser Meridianbogen natürlich auch exakt 10 000 Kilometer lang sein. War er aber nicht, sondern 10 001,966 Kilometer. Und das Blöde an so einem Meridianbogen ist, dass man nicht einfach ein bisschen was abschneiden und unter der Grasnarbe verstecken kann, wenn niemand hinschaut.

Umgerechnet bedeutete das, dass das Meter, welches sich damals noch als Neutrum fühlte, von Delambre und Méchain um 0,2 Millimeter zu kurz war. Nicht viel im Alltag, wenn man im Bierlokal einen Meter belegtes Brot bestellt, aber für wissenschaftliche Zwecke deutlich zu ungenau, abgesehen davon, dass es peinlich war, dass so eine große, prestigeträchtige Unternehmung mit einem Fehlergebnis endete. Man darf nicht vergessen, dass Frankreich damals noch als Grande Nation firmierte. Eine Weltmacht, über die man nicht spotten sollte. Wenn das heute in Österreich passierte, dächten manche vielleicht: »Na, wurscht, passt schon, ist halt ums Orschlecken zu kurz.« Aber Méchain, der den Fehler schon bald entdeckte, war darüber nicht sehr erbaut. So lange messen, und dann stimmt das Ergebnis nicht.

Anfangs wollte auch er den Mantel des Schweigens drüber ausbreiten und nicht nach Paris zurückkehren, wurde aber schließlich doch überredet, seine Daten abzuliefern. Um sich nicht zu blamieren, hat er aber nur die Ergebnisse abgegeben und nicht die den Berechnungen zugrunde liegenden Messungen. Damit kam er durch, und so konnte erst nach seinem Tod im Jahre 1804 sein Kollege Jean-Baptiste Delambre die Aufzeichnungen einsehen und feststellen, dass hier irgendwas nicht stimmte. Der Grund dafür lag aber nicht an der schlampigen Dreiecksmesserei von Méchain, sondern an der Form der Erde.

Die ist nämlich keine perfekte Kugel, nicht einmal ein formschönes Ellipsoid, sondern vielmehr geformt wie eine Kartoffel. Dass sie an den Polen abgeplattet ist, also der Umfang der Erde ein klein wenig größer ist, wenn man entlang des Äquators misst als über die beiden Pole, war damals natürlich schon bekannt. Aber was für ein Knödel die Erde ist, war doch überraschend. Damals konnte man nicht einfach länger aufbleiben und im Bayerischen Rundfunk in der Space Night stundenlang von oben auf unseren Heimatplaneten schauen, deshalb war das eine ungewöhnliche Neuigkeit. Man dachte sogar, es wäre egal, welchen Meridian man vermisst: den, der vom Pol durch Paris zum Äquator führt, oder einen anderen, der etwa durch Moskau, Tokio oder sonst irgendwo durchführen konnte. Aber leider falsch. Tatsächlich würde man jedes Mal unterschiedliche Distanzen erhalten. Die Erde ist verbeult, denn die geophysikalischen Vorgänge in ihrem Inneren erzeugen Abweichungen, die es unmöglich machen, sie exakt durch irgendein regelmäßiges Objekt zu beschreiben.

Deshalb wird heute der Meter nicht mehr anhand irgendwelcher geografischer Daten vermessen, sondern aus der Messung der Lichtgeschwindigkeit abgeleitet, das ist präziser bzw. absolut präzise. Die beträgt im Vakuum exakt 299 792 458 Meter pro Sekunde, und seit 1983 ist ein Meter deshalb offiziell definiert als »die Strecke, die Licht im Vakuum binnen des 299 792 458. Teils einer Sekunde zurücklegt«. Damit braucht man sich nicht mehr auf die Erde zu verlassen, die ausschaut wie eine havarierte Christbaumkugel. An manchen Stellen existieren im Inneren des Planeten Konzentrationen von Materie, anderswo ist sie ein bisschen weniger dicht. Das verändert die Stärke der an einem bestimmten Ort an der Oberfläche wirkenden Anziehungskraft. Dort, wo sie stärker ist, gibt es eine Delle in der Form der Erde, wo sie schwächer ist, findet man eine Ausbuchtung. Mittlerweile kann man so etwas gut mit Satelliten aus dem Weltall messen. Denn auch diese künstlichen Himmelskörper werden bei ihrer Bewegung um den Planeten durch seine unregelmäßige Form beeinflusst. Es gibt zwar im geostationären Orbit keine Straßenschilder, die vor Unebenheiten warnen wie bei uns auf der Erde, aber ein Satellit rückt ein wenig näher an die Erde heran, wenn er einen Bereich mit erhöhter Schwerkraft überfliegt, und entfernt sich, wenn die Anziehungskraft schwächer ist. Der Abstand zum Satelliten kann genau gemessen werden, und so erhält man entsprechende Karten, die all die kleinen Unregelmäßigkeiten zeigen.

Die Form, die man dabei am Ende erhält, wird übrigens »Geoid« genannt. Das bedeutet so viel wie »erdförmig«, womit der aktuelle Stand der Wissenschaft also lautet: Die Erde ist erdförmig! Hätte man sich eigentlich auch gleich denken können. ✓

10

»Wie geht Schöner Wohnen auf dem Mars?«

Kurze Antwort:

--→ Mit Asteroiden oder dem großen Geschäft. ✓

Lange Antwort:

--→ Wenn in Science-Fiction-Filmen Menschen andere Planeten besuchen, dann geht es sehr oft zum Mars. Aus mehreren Gründen. Er ist mit freiem Auge von der Erde aus sichtbar und also schon lange vertraut, einigermaßen in Flugweite, wir wissen durch unbemannte Sonden ungefähr, wie es dort zugeht, und in Bezug auf Größe und Konsistenz wird ihm in Fachkreisen gerne Erdähnlichkeit attestiert. Das heißt, es existiert eine harte Oberfläche, auf der man auch landen könnte. Im Gegensatz zu Gasplaneten wie Jupiter oder Saturn, die so etwas nicht in der Grundausstattung anbieten. Und der Mars war früher möglicherweise bewohnbar, die kargen Landschaften und ausgetrockneten Flussläufe erinnern ein bisschen an die Western von John Ford und Howard Hawks.

Damit hat es sich aber auch schon mit der Ähnlichkeit. Heute kann man nicht behaupten, dass der Mars ein verlockendes Fernerholungsziel darstellt, denn er besitzt keine Atmosphäre. Und zwar nicht nur sprichwörtlich, sondern in echt. Oder fast keine. Die hochenergetische kosmische Strahlung bearbeitet die Planetenoberfläche ohne Pause mit Teilchenschauern, durch Temperaturschwankungen kommt es zu gewaltigen Sandstürmen, die den Mars kärchern wie eine Landebahn vor einem hohen Staatsbesuch. Außerdem ist es kalt. Also nicht so, wie wenn sich bei uns im Winter ein sibirisches Kältehoch austobt, sondern zwischen −85 °C in der Nacht und +5 °C am Tag sind die Regel, selbst an warmen Sommertagen schafft es das Thermometer kaum über 10 °C. Im Marskalender gibt es also keine Monate ohne r, an denen man bloßfüßig über die Wiese laufen könnte. Nicht nur in Ermangelung einer solchen. Und an den Polkappen gefriert sogar CO_2, was Temperaturen unter -80 °C voraussetzt.

Wenn in Blockbuster-Movies wie *The Martian* ein Mensch zwar mit einiger Mühe, aber doch relativ verlässlich überlebt, dann ist das für die Kinobesucherinnen und -besucher erfreulich, weil Happy Endings im Leben ohnedies selten genug vorkommen. Außer vielleicht in Massagesalons, aber dort freuen sich dann meistens auch nicht alle gleichzeitig. Sollte man selber allerdings einmal in dieselbe Situation geraten wie der Botaniker Mark Watney in *The Martian*, sollte man die kurze Zeit, die einem noch bleibt, eher genießen und langsam mit dem Leben abschließen.

Aber warum ist der Mars als Bauplatz so eine Spaßbremse? Das liegt vor allem daran, dass er deutlich weiter von der Sonne entfernt seine Runden zieht als die Erde. Deshalb bekommt er auch viel weniger Wärmestrahlung ab von unserem Mutterstern. Ein Sonnenuntergang auf dem Mars schaut nicht einmal annähernd so aus wie in den meisten Hollywoodfilmen. Stellen Sie sich stattdessen einen trüben Novembertag vor, an dem man keine Lust hat, vor die Türe zu gehen, und der Kaffee ununterbrochen aus der Filtermaschine tropft. Das ist Sonnenuntergangsromantik auf unserem Nachbarplaneten.

Bekäme man den Mars näher an die Sonne heran, wäre es dort natürlich schlagartig wärmer. Aber ist das machbar? Theoretisch gar kein Problem, mithilfe von Asteroiden. Das wird aber nicht dadurch bewerkstelligt, dass man mit ihnen eine Spur legt, und der Mars nascht sich zur Sonne hin, sondern vermittels der Schwerkraft. Wir wissen, dass alle Massen aufeinander gravitativ wirken, wenn

sie einander nahe genug kommen. Das heißt, wenn man einen Asteroiden so ablenkt, dass er in enger Führung um den Mars kreist –
also erst knapp vorbeifliegt, um nach einer Runde in den Tiefen des
Alls wiederzukehren und abermals dicht vorbeizusausen –, dann
wirkt die Schwerkraft des größeren Mars entsprechend stärker auf
den Asteroiden als umgekehrt. Aber auch der kleinere Asteroid übt
einen gravitativen Einfluss auf den Planeten aus. Die genaue Durch-
führung ist ziemlich kompliziert und ausgesprochen kostspielig,
aber rein technisch machbar. Führt man diesen Rundflug nur einmal
durch, haben beide ein kurzes Stelldichein ohne Nachhall. Wiederholt man die Prozedur jedoch ein paar Hunderttausend Mal, kann
man die Bahn des Mars entsprechend beeinflussen und ihn so der
Sonne nahebringen.

Dasselbe wäre theoretisch übrigens auch mit der Erde möglich,
wenn sich dereinst die Sonne aufbläht und das Leben bei uns in den
Schwitzkasten nimmt. Einfach einen Asteroiden nehmen und so
lange um die Erde düsen lassen, bis der Abstand groß genug ist. Mit
Asteroiden kann man das Sonnensystem umstellen, wie man möchte: Erde weiter weg von der Sonne, Mars näher heran, Jupiter ganz
raus, Pluto neben den Mond, man muss nur ausreichend viele Asteroiden lange genug herumfliegen lassen. Wenn man genügend zur
Hand hat, kann man quasi kosmisches Feng-Shui veranstalten.

Allerdings, wie gesagt, theoretisch. In der Praxis kommt es dann
leider relativ bald zu Resonanzen zwischen den Himmelskörpern,
und im Handumdrehen geht es im Sonnensystem zu wie in einer
Wäschetrommel voller Tennisbälle. Aber in der Theorie könnten so
Erde und Mars innerhalb von einer Milliarde Jahren den Platz tauschen. Das ist natürlich kein Shortcut, und wenn man nicht mehr so
viel Resturlaub aufzubrauchen hat, geht es auch schneller.

Wie? Wieder mit Asteroiden. Diesmal lässt man sie aber nicht den
Mars passieren, sondern organisiert ein Treffen. Denn ein weiterer

Grund für die unangenehme Kälte ist die de facto fehlende Atmosphäre. Dieser Mangel kann allerdings behoben werden, indem man die Pole aufschmelzen lässt. Sie befinden sich, wie auf der Erde, am Nord- bzw. Südende des Planeten, bestehen aber nicht aus Wassereis, sondern gefrorenem Kohlendioxid, also Trockeneis. Wenn man es schafft, dieses gefrorene CO_2 vom festen in den gasförmigen Zustand zu überführen, dann vergrößert sich das Volumen schlagartig um das 780-Fache. Weil Gase viel mehr Platz brauchen. Aus diesem Volumen kann man eine sehr passable Atmosphäre basteln, die, weil sie mit Kohlendioxid ein erstklassiges Treibhausgas beinhaltet, auch bald für zunehmende Temperaturen sorgen könnte.

Man muss dafür lediglich drei bis vier Asteroiden direkt auf dem Mars einschlagen lassen. Ein Asteroid bewegt sich in der Regel mit ein paar Dutzend Kilometern pro Sekunde, dadurch wird beim Impact sofort derart viel Energie frei, dass durch die Hitze die Pole schmelzen und die Treibhausära auf dem Mars beginnen kann.

Wer findet, dass es sich dabei um eine zu grobe Form des Terraformings handelt, für den gibt es auch noch eine tierische Lösung. Der berühmte US-amerikanische Astrophysiker Carl Sagan hat vorgeschlagen, die sogenannte Albedo des Mars zu verringern, indem man die weißen Polkappen mit dunklem Material bedeckt. Die Albedo beschreibt, wie viel Licht ein Objekt reflektiert bzw. absorbiert. Weiße Polkappen reflektieren Sonnenlicht, geschwärzte nehmen es auf und sorgen so für eine allmähliche Erwärmung des Planeten. Dass das prinzipiell funktionieren kann, weiß man, weil man Vergleichbares auf der Erde beobachtet hat.

Pinguine, c/o Südpol, machen nämlich genau das, was Carl Sagan vorgeschlagen hat. Sie fliegen allerdings nicht zum Mars und werfen dunkles Material ab, denn um Raketen zu bauen, sind sie deutlich zu ungeschickt, aber sie folgen dem Prinzip: Man hat sie dabei beobachtet, wie sie körpereigenes Material verwenden, um ihre Nistplätze

dunkler zu gestalten. Dabei legen sie sich keineswegs auf den weißen Bauch und zeigen der Sonne den schwarzen Rücken, sondern
umfloren ihre Schlafplätze mit Kot, färben die Umgebung dunkel
und kacken sich so quasi ihren Nistplatz aper. Was die Umsetzung
betrifft, so ist bei den flugunfähigen Fischfressern sicher noch Luft
nach oben, aber auch wenn sie für ein Raumfahrtprogramm technisch zu unversiert sind, so haben Pinguine doch auf ihre Art damit
eine Art Bodenheizung erfunden. Es riecht zwar immer ein wenig
streng, aber dafür ist das Nachlegen von Brennmaterial relativ einfach, und man muss es auch nicht trocken lagern.✓

»Sind Engel
Säugetiere?«

Kurze Antwort:
--→ Schauen Sie im Mutter-Kind-Pass nach. ✓

Lange Antwort:

Nachts fühl i mi oft aloa
dass i manchmoi sogar woan
Und di Welt wird mir so fremd
Aber mir kann nix passiern
I werd niemals friarn
weil i immer no an Engerl glaub
Nicki – Weil i immer no an Engerl glaub

--→ Einer der raffiniertesten Schachzüge der katholischen Kirche neben der Dreifaltigkeit war die Einführung von Engeln und Heiligen. Dadurch konnten all jene bedient werden, die sich nach mehr himmlischem Personal sehnten, und das waren aufgrund der vielen sogenannten heidnischen Bräuche nicht wenige, während man aber weiterhin behaupten konnte, formal ein Ein-Gott-Glauben zu sein.

Dadurch stehen Engel als Flugkünstler mit Fittichen seitdem auf der christlichen Agenda, und in der Scholastik des Mittelalters, einer Zeit, in der Engel durchaus geläufig waren, hat man sich ernsthaft mit der Frage beschäftigt, wie viele von ihnen auf einer Nadelspitze tanzen können. Indem Engel im aktuellen wissenschaftlichen Diskurs arg vernachlässigt werden, also Annahmen über sie im Gespräch keineswegs einer Korrekturmöglichkeit ausgesetzt sind, weil niemals überprüft werden kann, ob es sie gibt oder nicht, ist es zulässig, sich der Frage nach ihrer Mammalität, also ihrer Säugetierhaftigkeit, zunächst über den Zugang durch das mittelalterliche Bild von ihnen zu nähern.

Der Frage liegt ja die Annahme zugrunde, dass Engel so weit aus baryonischer Materie bestehen, dass sie an Gegenstände der realen Welt koppeln. Als baryonische Materie bezeichnet man etwa Protonen oder Neutronen, also einen beträchtlichen Teil dessen, was wir als Materie kennen und womit Körper mit ihrer Umwelt interagieren. Würden sie nicht aus baryonischer Materie bestehen, sondern aus irgendeinem Fantasie-Stoff, den wir nicht kennen und den wir mit unseren Naturgesetzen nicht beschreiben können, wäre jede Frage nach ihrer Existenz noch sinnloser. Aber indem sie offenbar in unser Leben eingreifen, wie etwa der Erzengel Gabriel als positiver Schwangerschaftstest für die Jungfrau Maria, können wir versuchen, ihre Natur zu beschreiben, und schauen, ob es sich etwa um Fluginsekten handelt, Vögel oder Säugetiere. Und ob sie auf Nadelspitzen pogen können.

Wenn wir mittelalterlichen Handwerksmeistern einmal wohlwollend unterstellen wollen, dass sie in der Lage waren, Nadeln herzustellen, deren Spitze nicht größer war als ein Hundertstel Millimeter Durchmesser, dann ergibt sich eine Tanzfläche von grob 30 Millionen Quadratångström. Ein Ångström ist 10 hoch minus 10 Meter und entspricht grob einem Atomdurchmesser. Das ist sehr klein. Ein Wassermolekül hat schon über drei Ångström Durchmesser, und Wasser ist erst ab acht Molekülen flüssig. Milch besteht aber nicht nur aus Wasser, sondern ist lediglich die Trägersubstanz von ziemlich umfangreichen Molekülen wie Fetten, Proteinen, Kohlehydraten, Vitaminen und dergleichen mehr. Um das alles so zu lösen, dass die Emulsion dann so flüssig ist, dass sie durch die Öffnung einer Milchdrüse passt, ist eine Menge Wasser pro Bestandteil erforderlich.

Und wenn man einen Engel als Säugetier definieren will, dann muss er stillen können, was die Produktion und Weitergabe von Milch voraussetzt. Nehmen wir also als Minimalmenge Milch ein Verhältnis von einem Atom, das am milchigen Bestandteil beteiligt ist, zu tausend Atomen, die das Wasser ausmachen. Proteine bestehen gern einmal aus mehreren Hundert Aminosäuren zu angenommen jeweils zwanzig Atomen; das bedeutet, dass wir bei fünf Proteinen, die die Engelmilch ausmachen, 10 Millionen Wassermoleküle brauchen, um die geringstmögliche Menge davon zu erhalten. Und das ist dann aber fettfreie Milch. Davon wird niemand auf Dauer groß und stark. Wenn die Milch halbwegs Nährwert haben soll, muss man ihr mehr an Inhaltsstoffen zubilligen, deshalb berechnen wir das Zehnfache vom Minimalinhalt. Das heißt, wir haben hundert Millionen Atome, die, wenn wir sie uns der Einfachheit halber bitte als Würfel vorstellen, damit man sie räumlich besser anordnen und berechnen kann, zu grob vierhundertfünfzig Atomen Kantenlänge vorliegen. Jeder Würfel nimmt einen Platz von etwas über zweihunderttausend Quadratångström ein. Sie erinnern sich, eine Nadelspitze bietet dreißig Millionen Quadratångström Tanzfläche, auf der, wenn Engel Säugetiere wären, knapp hundertfünfzig kleinstmögliche Einheiten Milch Platz hätten. Da ist bis jetzt aber nur die Milch, als Grundlage für ein Säugetier, aber noch kein Engel drum herum. Und ganz wenig davon. Aber irgendwo müssen wir mit der Berechnung ansetzen. Also, wir müssen natürlich nicht, wir könnten auch einfach alles glauben, was so über Engel verlautet wird, aber es handelt sich im vorliegenden Buch um eines mit wissenschaftlichem Anspruch, also ist Glauben wirklich nur der letzte Ausweg.

Das Gewichtsverhältnis bei Säugetieren von Körper zu Gesäuge ist mit zwanzig zu eins durchaus mammoman, also zugunsten der Brüste geschätzt, aber nicht übertrieben. Es gibt natürlich sehr viel mehr Körper um die Brüste herum als Brüste selber. Bei Gesäuge handelt es sich übrigens nicht um einen launigen Pejorativ – so wie manche Menschen unbedingt immer trächtig und werfen sagen müssen, wenn sie von Schwangerschaft und Kinderkriegen sprechen, weil sie davon ausgehen, dass das in ihrem Soziotop als originell empfunden wird –, sondern um einen Fachausdruck. Wir haben bislang angenommen, dass man hundert Millionen Atome pro Minimaleinheit Milch braucht, bekommen also, weil die Milchdrüsen ja paarig angelegt sind, fünfzig weibliche Engel mit der vierzigfachen Masse einer Einheit. Jeder Engel hat dann, wieder als Würfel gedacht, grob zweieinhalb Millionen Quadratångström Standfläche. Dadurch haben auf einer Nadelspitze mit einem Hundertstel Millimeter Durchmesser allerhöchstens hundertzwanzig Engel Platz. Aber auch nur, wenn gerade Tanz der einsamen Herzen ist und die Herren Engel alle Fußball schauen. Und eigentlich bietet sich auch kein Platz zum Tanzen, sondern nur zum Stehen. Aber die Flächenwidmung einer Nadelspitze lässt sich unter der Annahme, dass es sich bei Engeln um Säugetiere handelt, zumindest grob berechnen. Damit ist aber noch nicht geklärt, ob sie auch welche sind.

Man kann sich einmal, von diesem mittelalterlichen Problem abgesehen, ein paar Überlegungen zur zoologischen Zuordnung von Engeln aus Sicht eher gegenwartsnäherer Ikonografie machen, das heißt: Welchen von den Lebewesen, die es verbindlich gibt, schauen Engel ähnlich? Und da muss man vorausschicken, dass sechs Extremitäten eine Sonderform darstellen. Säuger haben gewöhnlich vier, Reptilien, von Schlangen einmal abgesehen, die diesbezüglich eher auslassen, auch, und Insekten haben zwar sechs Beine vorzuweisen, aber wenigstens auch ein Paar Flügel. Diptera, also die Zweiflügler wie Fliegen, haben das hintere Flügelpaar zu sogenannten Schwingkölbchen umgebildet. Käfer haben zwei Paar ausgebildete Flügel, aber alle Insekten haben jedenfalls mehr als die sechs Extremitäten, die Engel haben. Das ist schon einmal ein Unterscheidungsmerkmal, in einer Tierdokumentation bekämen sie deshalb etwas mehr Aufmerksamkeit als andere Tiere, die evolutionär nicht solche Faxen machen. Nun könnte man einwenden, dass sich bei den Engeln ein paar Extremitäten eben zurückgebildet haben und sie daher zu den Insekten gehören, aber dem widerspricht, dass sie anders als Insekten kein Außenskelett haben. Dass sich auch das zurückgebildet haben könnte, weil sie keiner Stützstruktur bedürfen, weil sie der Schwerkraft nicht unterliegen, ist hinfällig. Wer der Schwerkraft nicht unterliegt, braucht auch keine Flügel. Außer zur Zierde natürlich, dann könnte er aber genauso gut einen goldenen, aber funktionslosen Außenbordmotor mit sich führen oder ein Horn auf der Stirn.

Dass weibliche Engel oft mit Brüsten dargestellt werden, lässt darauf schließen, dass es sich um Säugetiere handelt. Männliche Engel haben zwar ebenfalls Brustwarzen, säugen aber nicht, sondern saugen nur. Würden sie säugen, diente das mitnichten der Ernährung des Nachwuchses, würde aber immerhin die verklärten Gesichtsausdrücke mancher Standbilder erklären. Männliche Brustwarzen werden gebildet, bevor die Entscheidung fällt, welches Geschlecht später einmal im Reisepass steht. Und dann nicht mehr zurückgebaut. Also könnten die Brüste der weiblichen Engel möglicherweise ähnlich entstehen, noch bevor feststeht, ob die Waage nach Engel ausschlägt oder nach Mensch. Und wenn es ein Engel wird, dann bleiben die Spaßlaberl, wie man in der Wiener Mundart diese sekundären Geschlechtsmerkmale salopp auch nennt, halt dran, weil sie zu resorbieren wäre aufwendiger, als sie einfach da zu lassen.

Dem widerspricht allerdings die Feststellung der Theologie, dass Engel bereits vor den Menschen existierten. Diese Engel wurden aber nicht gezeugt, sondern erzeugt, also per Beschluss von Gott ins Sein gesetzt, und zwar, wie man annehmen kann und muss, bereits fertig ausgebildet, also nicht säugungsbedürftig. Da ist das Vorhandensein von Brüsten dann komplett unnötig. Es sein denn, wir Menschen stammen von Engeln ab und dieses Feature wurde schon bei den Engeln als Bestandteil eines intelligenten Designs aufgepfropft, damit wir es als Abkömmlinge einfach unhinterfragt übernehmen können. Das widerspricht allerdings dem, was man über die Herkunft des Menschen in dem Buch liest, in dem Engel als gegeben angenommen werden, nämlich der sogenannten Heiligen Schrift. Sollten aber Engel von uns Menschen abstammen, dann kann zwar erklärt werden, warum die anatomische Ausstattung wohl zum Säugen taugt, aber nicht angewendet wird, allerdings wird in der Bibel diese Abstammung nicht so angeführt. Wenn wir Menschen von den Engeln abstammen sollten, was ebenfalls besagtem Buch widerspricht, dann müsste trotzdem noch geklärt werden, welcher Selektionsdruck uns, ähnlich dem Kiwi, die Flügel hat verschwinden lassen, den Männern die Brustwarzen aber nicht.

Sie sehen, die Frage, ob es in der Welt der Engel einen Markt für Säuglingsmilch gibt, kann momentan leider noch nicht sinnvoll geklärt werden. Das bedeutet, wenn Sie unbedingt Engel in Ihrem Leben als gegeben annehmen möchten, dann sind Sie zwar einerseits auf den Glauben zurückgeworfen, können sie sich dafür andererseits genau so vorstellen, wie Sie sie gerne hätten. ✓

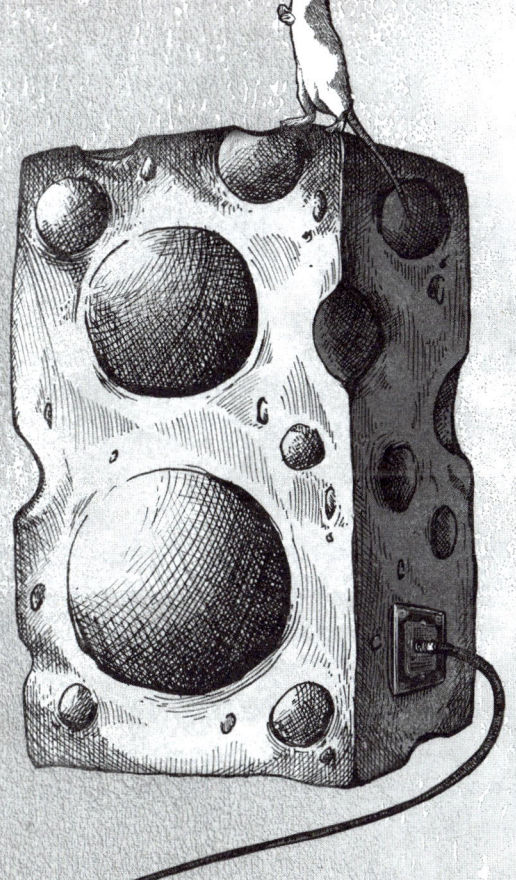

»Wie klingt
Käse?«

Kurze Antwort:

--→ Bestenfalls ein bisschen hohl. ✓

Lange Antwort:

--→ Hören müssen wir Menschen nicht erst lange lernen. Schon im Mutterleib, nach Fertigstellung des Hörapparates, bekommen wir die Weltnachrichten von draußen mit. Das führt dem Vernehmen nach dazu, dass wir die Stimmen unserer Eltern schnell wiedererkennen können, sobald wir pitschnass den weiblichen Teil davon verlassen haben. Das kann sich günstig auf uns auswirken. Manche Eltern übertreiben es mit der Beschallung allerdings und spielen ihren ungeborenen Kindern allerlei Wissenswertes aus der trockenen Umgebung vor, damit sie schon als Schlaumeier das Licht der Welt erblicken. Das kann man sich aber sparen, der Nachwuchs bekommt keine Option auf den Nobelpreis, wenn man ihn schon pränatal mit Mozart, Einstein oder James Joyce bekannt macht, sondern eher nur den Stress der Eltern mit, die erwarten, sich in einem Wunderkind reproduziert zu haben.

Die armen Stammhalter können sich im Fruchtwasser nicht wehren, denn wie man hört, muss man nicht lange üben, man kann es, sobald die Ohren auf Betriebstemperatur sind. Warum? Schwer zu sagen, aber das Ohr hat die Evolution von uns Menschen entscheidend mitgeprägt. Seine Aufgabe ist es nämlich nicht in erster Linie, sich Löcher stechen und diese mit Metall befüllen zu lassen oder einfach im Wind abzustehen, um dem Hintermann Schatten zu spenden.

Im Gegensatz zum Auge, das zwar sehr gut sieht, dafür aber sehr schlecht hört, war es mit den Ohren schon vor vielen Jahrtausenden möglich, potenzielle Gefahrenquellen auch hinter Hindernissen zu orten und Schallquellen zuordnen zu können. Stellen Sie sich vor, hinter einem großen Felsen lauerte ein brüllender Tiger. Fertig vorgestellt? Echt? Weil das geht natürlich nicht; ein Tiger, der beim Lauern brüllt, ist ein Dummkopf und verhungert schnell. Mitleid gibt es im Tierreich kaum, Antilopen, die sich opfern, weil ein hungriger, aber einfältiger Tiger nicht weiß, wie man sich lautlos anschleicht, sind noch nie beobachtet worden. Stellen Sie sich also bitte vor, Sie hören ein Knacken hinter einem großen Felsen. Das geht, Schallwellen werden dabei gebeugt, und die Heftigkeit des Knackens kann ein Indiz dafür sein, dass eben eher ein Tiger im Anmarsch ist als ein Eichhörnchen. Nur als Beispiel, die Autoren dieses Buches wissen natürlich, dass sich diese beiden Tiere niemals treffen, weshalb man bedenkenlos in mitteleuropäischen Stadtparks Schadnager mit Nüssen füttern kann, ohne hinterrücks vom Tiger gerissen zu werden. Außer einer ist aus einem Zirkus geflohen, der gerade in der Stadt gastiert, aber da gehörte schon viel Pech dazu und man würde zum Ausgleich mit der Titelseite der Lokalzeitung belohnt.

Zurück zu den Anfängen des Menschen. Damals waren wir noch nicht Bestimmer auf dem Planeten, sondern noch Futter für andere, weshalb es sehr nützlich war, unsere Fressfeinde nur aus der Ferne zu kennen. Alle, denen das nicht gelungen ist, sind nicht unsere Vorfahren. Denn innerhalb von Sekundenbruchteilen haben wir feststellen müssen, wo die Gefahr lauerte. Und noch viel wichtiger war es, abschätzen zu können, in welche Richtung wir fliehen sollten. Denn einen Tiger zu bemerken und ihm aber dann ins offene Maul zu rennen, wäre, die evolutionäre Entwicklung des Ohres betreffend, reine Zeitverschwendung gewesen. Heute geht von Tigern oder vergleichbaren Raubtieren kaum noch Gefahr für uns aus, unser

Ohr jedoch hat nicht vergessen, wozu es ausgebildet worden ist, nämlich zu einem Wächterorgan, das die Umgebung scannt. Und zwar 24 Stunden am Tag, 7 Tage die Woche, 52 Wochen im Jahr. Das Auge ist darauf spezialisiert, die Oberfläche zu fokussieren, das Ohr aber wird durchdrungen, und zwar vom Gehörten. Ob es will oder nicht. Müttern von Babys wird nachgesagt, auch während des Schlafes immer ein »Ohr« für ihr Kind haben. Deshalb werden sie auf der Flucht mitunter quasi als Alarmanlagen benutzt, weil sie kaum jemals tief schlafen. Das bedeutet aber natürlich nicht, dass die Väter das Recht hätten, sich im Tiefschlaf grunzend aufs Neugeborene zu wälzen. Und sie tun es in der Regel auch nicht.

Dass unsere Ohren quasi immer wach sind, auch wenn wir schlafen, hat aber nicht nur Vorteile. Während man nämlich die Augen mit den Lidern schließen und somit optische Reize bewusst ausblenden kann, besitzt das Gehör keinen derartigen Verschlussmechanismus und hat immer Tag des offenen – Obacht! – Ohres. Das bedeutet, dass man akustische Reize bzw. Schall nicht so einfach wegschalten kann, und bleibt nicht ohne Folgen, auch wenn man es vielleicht gar nicht merkt. Bei einer Analyse von fast 28 000 Fragebögen fanden Wissenschaftler heraus, dass eine bereits vermeintlich geringe Lärmbelastung durch den Straßenverkehr große Auswirkungen auf den Körper haben kann. Die normale Gesprächslautstärke liegt bei 40–60 Dezibel, abgekürzt db (A). Ein lautes Gespräch, eine Schreibmaschine oder ein vorbeifahrendes Auto bringen es auf 60–80 dB (A), und ein Rasenmäher trumpft mit 80 db (A) auf. Das A in Klammer bedeutet übrigens, dass die Frequenz in einem bestimmten Bereich gemessen wurde, weil der Schalldruck das Hörerlebnis beeinflusst. Wenn man alles im selben Phon-Bereich misst, wird es dadurch erst gut vergleichbar. Die Studie ergab, dass schon eine tägliche und kontinuierliche Belästigung durch Verkehrslärm über 60 db (A), also etwa eine Waschmaschine im Schleudergang, das

Risiko für erhöhten Blutdruck um mehr als ein Viertel ansteigen ließ. Und somit auch das Risiko, einen Herzinfarkt oder Schlaganfall zu erleiden, entsprechend steigert. Wenn man an einer stark befahrenen Straße wohnt, gewöhnt man sich zwar mit der Zeit an den Lärm und hört ihn nicht mehr. Aber nur vermeintlich, denn in Wirklichkeit wird er von unserem Gehirn lediglich weghabituiert. So wie wir nicht merken, wenn wir verdauen, obwohl das ein Geknete und Gewürge der Muskeln und Schläuche in unserem Inneren bedeutet und eigentlich ziemlich schmerzhaft wäre. Eine kleine Ahnung, was es da zu spüren gäbe, wenn wir es nicht weghabituierten, also ausblenden würden, bekommen Sie, wenn Sie ordentlich Bauchweh haben.

Die Aufmerksamkeit für einen wiederholt dargebotenen Reiz, wie etwa Straßenlärm, nimmt also zwar im Laufe der Zeit ab, aber die Wirkung auf den Körper bleibt immer gleich. Denn, wie wir schon wissen, das Ohr wird vom Gehörten durchdrungen. Deshalb sollte man, wenn man einer stetigen Lärmquelle ausgesetzt ist, entweder nach Möglichkeit den Wohnort wechseln oder zumindest sehr gute Lärmschutzfenster einbauen, sich aber jedenfalls regelmäßig untersuchen lassen, ob der Blutdruck noch weiß, dass er circa 80 zu 120 nach Riva-Rocci performen soll.

Auch wenn wir uns im Alltag eher auf unsere Augen verlassen und, wenn es dunkel wird, das Licht einschalten oder Straßen beleuchten und nicht auf Lauschen umstellen, so muss das Ohr grundsätzlich trotzdem als sehr empfindlich gelten. Es schafft eine Auflösung von 20–20 000 Hertz. Zumindest im Kindesalter. Als Erwachsene bleiben uns allmählich die höheren Frequenzen verborgen, und bei 16 000 Hertz ist Sense. 20 Hertz bedeutet tiefes Brummen, das Tausendfache davon klingt so wie das hohe Pfeifen von Röhrenfernsehern, die früher in den meisten Wohnzimmern zu finden waren, bevor die Flachbildschirme ihren Siegeszug angetreten haben. Weder mit 20 000 Hertz noch mit 4000 weniger könnten wir einen Nachtfalter beeindrucken, denn der nennt eine Hörschwelle von bis zu 200 000 Hertz sein Eigen. Dafür machen wir aber viel mehr Lärm. Nachtfalter hingegen sind eher als Tiere bekannt, die zwar Geräusche wahrnehmen können, aber selbst mit lautloser Eleganz erfreuen. Wenn wir sie sehen können. Im Freien. Nachfalter, die, irritiert von der Helligkeit, permanent unsere Deckenlampen touchieren, machen einen weniger eleganten Eindruck und erinnern vielmehr an einen Saugroboter, der sich ausweglos in ein Eck manövriert hat.

Wobei Insekten auch Laute erzeugen können, um sich zu verteidigen, indem sie etwa ihre Beine an Flügel oder Flügel an Flügel reiben. Man nennt das Stridulation, das Aneinanderreiben von gegeneinander beweglichen Körperteilen zur Lauterzeugung. Aber nur bei Insekten, wenn zwei Menschen bewegliche Körperteile einschlägig aneinander reiben, heißt das in der Regel anders. Die Madagaskar-Fauchschabe ist beispielsweise tatsächlich zu regelrechtem Fauchen fähig, einer Katze nicht unähnlich, und der Totenkopfschwärmer *Acherontia atropos* hat ebenfalls ein interessantes Ständchen auf Lager. Bekannt als geflügelter Supporting Actor im Film *Das Schweigen der Lämmer*, sorgt er auch in der Wissenschaftswelt für Aufsehen. Dort wird er allerdings nicht von Gerichtsmedizinern aus unbelebten Rachen gepult, sondern wegen seiner Singstimme untersucht. Um sich vor Feinden wie Fledermäusen zu schützen, saugt er nämlich Luft ein, bläst sie wieder aus und produziert so quietschende Laute, die ungefähr 200 Millisekunden andauern, eine Frequenz von bis zu 60 000 Hertz haben können und klingen wie ein Akkordeon mit Asthma. Warum kann er das? Weil er als flatterhaftes Wesen eigentlich nicht zum Film, sondern Straßenmusiker werden wollte? Es wird vermutet, dass die Vorliebe des Totenkopfschwärmers, in Bienenstöcke einzudringen, um dort Honig zu stibitzen, mit ausschlaggebend für diese Fähigkeit war. Die Aufnahme von dickflüssigem Honig könnte nämlich die Entwicklung eines effizienten Ansaugstutzens

unterstützt haben, mit dem er bei Bedarf auch ein wenig Katzen-
musik für seine Feinde anstimmt oder sich in Fußgängerzonen ein
Zubrot verdienen kann. Für uns Menschen ist das Ohr aber nicht
nur wichtig, um die Umgebung akustisch abzutasten, sondern auch,
um in uns hineinzuhören. Das klingt nach einem Exerzitiensitzkreis
in Tateinheit mit Meditationsmusik oder noch Schlimmerem, bedeutet aber im medizinischen Sinn, dass man nicht in sich selber
hineinhört, was man auch gar nicht schaffen würde, sondern wen
anderen ranlässt.

Etwa mit einem Hörrohr oder noch besser einem Stethoskop, das
sich nach seiner Erfindung im Jahre 1860 durch den französischen
Arzt René Laënnec, der heute vielen ausgesprochen zu Unrecht
ausgesprochen ungeläufig ist, als diagnostisches Werkzeug im medizinischen Alltag etablierte. Was man damit macht, nennt der Fach-
mann Auskultieren, also abzuhorchen, welche Geräusche das Kör-
perinnere produziert. Bereits 1761 hat der österreichische Mediziner
Leopold Auenbrugger die Schrift »Inventum novum ex percussione
thoracis humani ut signo abstrusos interni pectoris morbos dete-
gendi« veröffentlicht. Seine »Neue Erfindung, mittels Beklopfen
des menschlichen Brustkorbs Zeichen zur Erkennung verborgener
Krankheiten der Brusthöhle zu gewinnen« prägte den Begriff der
Perkussion (lat.: Schlag, Stoß), das Abklopfen von Körperoberflä-
chen, um die Geräusche der darunter liegenden Hohlräume zu be-
werten. Eine ähnliche Technik wendet man auch an, wenn man bei
der Käseproduktion Käselaibe untersucht. Dort ist aber nicht der
Arzt oder die Ärztin dafür zuständig, sondern der Käsemeister oder
seine weibliche Kollegin. Warum machen sie das? Weil kein Tisch
in der Nähe ist, auf dem sie trommeln könnten? Oder weil auch ein
Emmentalerlaib das Recht auf eine Vorsorgeuntersuchung hat?
Beides möglich, aber nicht wahrscheinlich. Bei der Herstellung von
Emmentaler werden der Milch speziell gezüchtete Schimmelpilz-

und Bakterienkulturen zugesetzt. Diese Kulturen bilden während des Gärungsprozesses Säuren und Kohlendioxid. Letzteres kann nicht durch die Käserinde entweichen und soll es auch nicht, denn dadurch bilden sich im Käse Löcher. Das ist wichtig, denn die Qualität des Käses wird bestimmt durch den Gehalt der Säure, die für den charakteristischen Käse-Geschmack verantwortlich zeichnet, die Festigkeit und die Lochgröße. Bakterien und Pilzkulturen sind lebende Organismen, reagieren daher auf veränderte Bedingungen oder zugesetzte Stoffe unterschiedlich, wodurch es bei der Käsereifung auch zu Fehlgärungen kommen kann. Diese können die Lochbildung beeinflussen und etwa zu Rissen im Käse führen. Das möchte man vermeiden, auch weil sich dadurch die physikalischen Eigenschaften des Käses ändern.

Deshalb nimmt die Käsemeisterin oder ihr männlicher Kollege einen kleinen Hammer und klopft den Käselaib ab. Der reagiert aber nicht wie unsere Patellasehne im Knie und schlägt aus, sondern gibt akustisch preis, ob die Reifung ihren vorgesehenen Gang geht oder ihn verfehlt. Anhand des Käseklanges lassen sich, wie beim Perkutieren am menschlichen Oberkörper, Rückschlüsse auf Reifegrad und Qualität des Käses ziehen.

Man kann aber nicht einfach irgendwie auf einen Käse hämmern und weiß dann, wie es in ihm drinnen aussieht. Also, kann man schon und dann vielleicht behaupten, man sei Käse-Aura-Perkutierer, oder so. Solche berühren dann aber, wie die Aura-Chirurgen, vermutlich den Käse gar nicht, und alles, was sie feststellen, erfinden sie im Moment, in dem sie es sagen. Wie in der Parawissenschaft üblich. Deshalb kann dieses Aurazeug auch jeder machen, ohne jegliches Vorwissen. Das ist praktisch, weil man sich dadurch ein langes, schwieriges Studium spart, aber auch unpraktisch, weil man fast gar nichts Sinnvolles weiß. Wer nämlich wirklich wissen will, wo sich der Käse mit dem Reifungs gerade tummelt, wie lange er noch benötigt oder ob man eingreifen muss, weil die Entwicklung misslingt, der braucht jahrelange Erfahrung. Um die Nuancen zu hören, in denen sich die Käselaute unterscheiden, und zuordnen zu können, was das bedeutet, muss man sein Leben mehr oder weniger dem Käse widmen und mit ihm mitleben. Da reichen nicht zwei Wochenendworkshops und eine Anmeldung bei der Wirtschaftskammer wie bei Astrologen.

Es gab zwar vielversprechende Versuche der Kunstuniversität Graz und der Technischen Universität Graz, einen elektronischen Käseklopfer zu entwickeln anhand von digitalen Audioaufnahmen von Klopfgeräuschen, aber ganz wird man die Käseklopfer vermutlich nie ersetzen können. Computermodelle sind immer nur Näherungen an Lebewesen, seien es Menschen, seien es Bakterien. In einer Vielzahl der Fälle würden ein digitaler Käseklopfer und einer mit Blutkreislauf vermutlich auf sehr ähnliche Ergebnisse kommen. Aber in kniffligen Situationen, in denen man sein Urteil anpassen muss und neue Gedanken denken, da wäre der zweibeinige Perkutierer mit seinem Werkzeug vermutlich erster Sieger im Klopfen. Und, gäbe es in der Welt der Emmentaler auch Vorabend-Sitcoms, dort vermutlich der Star in *Hör mal, wer da hämmert.*✓

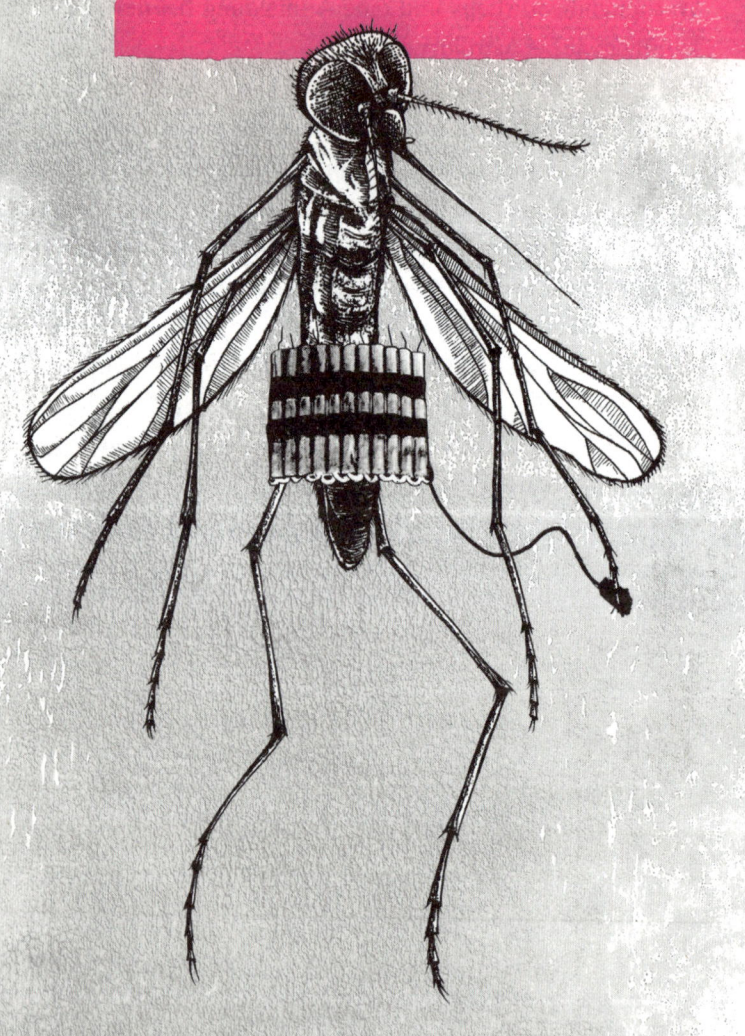

Kurze Antwort:

--→ Nein. ✓

Lange Antwort:

--→ Wir Menschen sind sehr schlecht im Einschätzen von Gefahren, die unser Leben bedrohen. Viele fürchten sich vor Haien, obwohl sie ihr Leben lang keinen treffen werden, andere haben Angst vor Treibsand und kennen doch nur Betonwüsten aus eigener Anschauung. Dass Menschen beide Ängste kombinieren, Sandkisten umrunden und dabei Hai-Alarm schreien, kommt trotzdem nur selten vor.

Wenn ein Grizzly vor der Türe steht, würden wir aber tatsächlich eher nicht aufmachen, und Giftschlangen brauchen wir auch nicht dringend in den eigenen vier Wänden. Die gefährlichsten Tiere der Welt können bei uns allerdings ein und aus gehen, als ob sie unsere besten Kumpel wären, manchmal machen wir sogar das Licht an, damit sie die Einflugschneise treffen.

Es handelt sich dabei nicht um Löwen, wie Sie vielleicht ahnen, weil der Titel des Kapitels sonst anders lauten würde, etwa »Warum soll man in der Savanne schnell in den Wohnwagen gehen, wenn es bestialisch stinkt, aber niemand gefurzt hat«, sondern um Moskitos, bei uns auch bekannt als Gelsen*.

Moskitos selber sind für sich genommen noch relativ harmlose Zeitgenossen, aber als Überträger von Infektionen kann ihnen kaum jemand das Wasser reichen. Man geht davon aus, dass jeden Tag

---

* Österr. für Mücken.

weltweit durchschnittlich 2000 Menschen an durch Mücken über-
tragenen Krankheiten wie Zika-Fieber, Denguefieber oder West-Nil-
Fieber sterben, und rund 1000 Menschen finden allein aufgrund
von Malaria den Tod. Es gibt Schätzungen, dass nur durch Malaria
die Hälfte aller Menschen, die jemals gelebt haben, umgekommen
sein könnte. Die Überträger von Malaria sind einzellige Parasiten
namens Plasmodien. Davon befallene Moskitos übertragen durch
den Stich Tausende dieser Erreger, die daraufhin zur Leber wandern
und sich dort einen Monat lang in den Leberzellen vor dem Immunsystem verstecken. Währenddessen liegen sie aber nicht auf der
faulen Haut, sondern durchlaufen eine Phase ihres Entwicklungs-
zyklus und vermehren sich. Danach platzen sie aus den Leberzellen
und strömen ins Blut. Damit sie dort nicht vom Immunsystem erkannt und eliminiert werden, bleiben sie eingewickelt in die Zellmembranen der Leberzellen, die sie zuvor gekillt haben.

Ein bisschen wie Harry Potter, der unter seinem Tarnumhang unsichtbar durch Hogwarts schleicht, um nicht vom Schulwart Argus
Filch erwischt zu werden, allerdings hat der sympathische Welten-
retter und Zauberer davor niemanden umbringen müssen. Und
schleicht auch nur herum, um Gutes zu tun, während Plasmodien
im Weiteren rote Blutkörperchen befallen, sich in ihnen vermehren,
bis diese aufplatzen, um die nächsten Blutkörperchen zu befallen.
Das aktiviert schließlich doch das Immunsystem, löst grippeartige
Symptome aus und führt im schlimmsten Fall zum Tod. Werden befallene Menschen vor ihrem Tod von weiteren Moskitos gestochen, ist
das für die Erreger ein Freiflug in die Freiheit hin zum nächsten Opfer.

Seit Jahrtausenden sind wir Menschen diesen Parasiten ziemlich
schutzlos ausgeliefert gewesen, der Einsatz von Pestiziden, Netzen,
Medikamenten wie Artemisinin und Chinarinde hat zwar oft pro-
phylaktische oder sogar therapeutische Wirkung erzielen können,
aber insgesamt ließen sich die Krankheitsfälle damit bis heute nur

eindämmen. Ausrotten, wie etwa das Pockenvirus, ließ sich Malaria bislang nicht. Vielleicht ändert sich das in ein paar Jahren, denn 2011 ist es gelungen, ein Gen in Moskitos einzubringen, das verhindert, dass diese von Malariaerregern befallen werden können. Das Gen bildet nämlich einen Antikörper, der gezielt Strukturen der Plasmodien angreift. Moskitos, die dieses Gen in sich tragen, können also keine Malaria mehr verbreiten.

Mücken sind klein, Gene noch kleiner, wie schafft man es also, ein Gen punktgenau in eine Gelse einzubringen? Insekten gentechnisch zu verändern ist schon länger keine Hexerei mehr, allerdings war es bislang immer relativ langwierig und nicht ganz billig. Seit Kurzem steht dafür aber eine Technologie zur Verfügung, die sich CRISPR nennt. Das klingt ein wenig nach Hänsel und Gretel und CRISPR, CRISPR, Knäuschen, hat aber mit Pfefferkuchen nichts zu tun, sondern steht für »Clustered Regularly Interspaced Short Palindromic Repeats«. Eigentlich selbst erklärend.

Wer es dennoch genauer wissen möchte: Es handelt sich bei CRISPR um sich wiederholende Abschnitte in der DNA, also dem zweistrangigen Träger der Erbinformation, deren Basenfolge jeweils auf dem Komplementärstrang in der Gegenrichtung gelesen gleich lautet, deshalb palindromisch. Also auf einem Strang beispielsweise GAATTC und auf dem gegenüberliegenden CTTAAG. So wie beim Namen Otto oder dem in den 70er Jahren des letzten Jahrhunderts noch berühmten Palindrom »Ein Neger mit Gazelle zagt im Regen nie«, das heute so keinerlei Verbreitung finden würde, während man »Eine Blase salbe nie« auch im 21. Jahrhundert noch weitgehend beherzigen sollte. Die CRISPR-Methode ist im Wesentlichen eine Genschere, mit der es relativ einfach, schnell, präzise und billig gelingt, ganz bestimmte Gensequenzen in der DNA zu verändern. Genauer gesagt nennt man die Technologie CRISPR/Cas, gesprochen Krisperkas.

Eine CRISPR-Sequenz ist nämlich an ein Protein gebunden, das man als Cas bezeichnet. Es ist in der Lage, DNA zu zerschneiden und durch eine neue Sequenz zu ersetzen. Der enorme Vorteil dabei ist, dass man mit der CRISPR/Cas-Schere beispielsweise einen Teil der Erbinformation sehr präzise herausschneiden kann, während die Sequenz, durch die man das Herausgeschnittene ersetzen möchte, nur ungefähr in die Nähe gebracht werden muss. Ein wenig so, wie es reicht, jemandem einen Zettel auf den Küchentisch zu legen, dass das Essen im Rohr warm gestellt sei, und er findet es dann ohne GPS. Ein Zellkern ist nämlich keine so aufgeräumte Angelegenheit, wie man das von den Zeichnungen in Schulbüchern kennt, sondern eigentlich ein Sauhaufen. Wie in einer noch flüssigen Sülze schwimmt alles in einer oft trüben Suppe, und was zusammenpasst, findet irgendwann auch zueinander.

Und so kann man in die DNA von Moskitos Gene einbringen, die sogenannte Antikörper produzieren, was nichts anderes bedeutet, als dass diese Moskitos keine Plasmodien mehr übertragen. Das ist aber, was Malariabekämpfung betrifft, leider erst die halbe Lösung, denn ein anderes Problem könnte diese Bemühungen zunichtemachen. Als ob es nicht schon schwer genug wäre, in so ein kleines Ding wie einen Moskito, der freiwillig nicht stillhält, ein neues Gen einzubringen.

In der DNA von allen Lebewesen, die sich sexuell fortpflanzen, liegen von fast jedem Gen zwei Kopien vor, eine von der Mutter, eine vom Vater. Das wäre noch kein Problem, das gehört so. Wenn man allerdings einen gegen Malaria resistent gemachten Moskito freilässt und er sich mit gewöhnlichen, unbehandelten Moskitos kreuzt, dann wird nur die Hälfte der Nachkommen das Malaria-Resistenzgen erben. Die andere Hälfte nicht, und schon nach wenigen Generationen wäre das veränderte Gen wieder ausgedünnt in der Population und kaum noch zu finden. Da kommt Gene Drive ins Spiel! Gene Drive ist nicht der Name eines neuen Superhelden, seine Fähigkeiten sind aber trotzdem spektakulär. Gene Drive wird mit Gen-Antrieb nur recht holprig übersetzt und macht Folgendes: Es sorgt dafür, dass sich ein eingebrachtes Gen selbst kopiert, sodass immer zwei Kopien davon vorhanden sind und alle Nachfahren eine Kopie bekommen. Auch in den Nachfahren kopiert sich das Gen dann selbst, sodass auch deren Nachfahren alle eine Kopie bekommen. Das heißt, während bei der herkömmlichen Fortpflanzung die Nachkommen immer ein Gen von der väterlichen Seite und eines von der mütterlichen erhalten, sorgt Gene Drive dafür, dass sich nur noch dieses eine Gen ausbreitet und alle anderen immer überschreibt, egal was das andere Gen vorschlägt.

Übertragen auf Haarfarben und Menschen würde das bedeuten, dass etwa die Nachkommen einer blonden Frau, die mit einem schwarzhaarigen Mann Kinder bekommt und sich normalerweise mit ihrer Haarfarbe kaum durchsetzen könnte, ausgestattet mit einem Blond-Gene-Drive für immer mit blonden Haaren auf die Welt kommen würden. Egal, welches Haarfarbe-Gen dazukommt, Blond würde immer siegen. Und so würde auch das Plasmodien-Gen durch das Gene Drive immer von allen Nachfahren geerbt, an sämtliche Nachkommen weitergegeben, und zwar viel schneller und effizienter, als es durch normale Evolution möglich wäre. Das wäre im Falle der Plasmodien sehr gut, weil man so Malaria praktisch ausrotten könnte, ist aber gleichzeitig auch der Grund, warum es noch nicht zum Einsatz kommt. Denn diese mittels Gene Drive veränderten Moskitos existieren bereits in engmaschigen Versuchs-käfigen, und Ende 2015 hat man tatsächlich erstmals im Versuch zeigen können, dass es funktionieren würde, eine Mückenpopulation schnell und endgültig genetisch zu verändern. Weil es diese neue Technologie aber erst so kurz gibt, wir im Laufe der Menschheits-geschichte aber noch nie ein gentechnisch verändertes Tier in die

Wildnis entlassen haben, dessen genetische Veränderung sich evolutionär noch dazu immer durchsetzen wird, ohne dass man diese einfach zurückrufen kann wie Autos mit gefälschten Abgaswerten oder Schokoriegel mit möglicherweise eingewirkten Glasscherben, sind wir noch sehr vorsichtig und zögerlich. Sicher zu Recht, denn viele Probleme lassen sich erst mit der Zeit erkennen, und es schadet auch im vorliegenden Fall nicht, noch mehr Untersuchungen abzuwarten. Andererseits ist kaum ein Schreckensszenario vorstellbar, das durch Gene-Drive-veränderte Mücken eintreten könnte, das sich mit täglich rund 1000 an Malaria sterbenden Menschen messen könnte. Vielleicht kommen wir noch drauf, dass die Sache einen Haken hat, dann wird es gut gewesen sein, gewartet zu haben, vielleicht aber auch nicht, dann wird diese Technologie vermutlich auch irgendwann zum Einsatz kommen und helfen, viele Menschenleben zu retten.

Für die Gelsen, die jedes Jahr nach der kalten Jahreszeit in Ihr Wohn- und Schlafzimmer kommen oder Ihnen die Grillpartys auf der Terrasse versauen, gilt das allerdings nicht. In Mitteleuropa gibt es zum Glück kaum Mücken, die mehr als unangenehm juckende Dippel verursachen. Trotzdem sorgen sie Sommer für Sommer dafür, dass sich Menschen immer wieder in die Haare kriegen, wenn einer das Licht anmacht, während der andere vor dem Schlafengehen noch kurz lüftet.

Dieses Problem kann allerdings ganz einfach und ohne Gene Drive gelöst werden. Gelsen scheuen das Licht eher, weil sie keine Motten sind, die darauf zufliegen würden. Um uns Menschen zu finden, orientieren sie sich nicht an der Helligkeit unserer Wohnräume, sonst wäre man in dunklen sumpfigen Waldlandschaften ja sicher vor ihnen, was nicht der Fall ist, sondern sie richten sich nach der CO_2-Konzentration. CO_2, also Kohlendioxid, ist das, was Säugetiere, also auch wir, ausatmen, nachdem wir den Sauerstoff aus der

Luft im Körper verbrannt haben. Aufgrund evolutionärer Routine wissen Gelsen das schon lange zu schätzen und finden so auch im Dunkeln sehr gut zu uns. Das ist die Grobjustierung. Wenn sie einmal da sind und unter mehreren Menschen die Wahl haben, dann entscheiden sie sich allerdings für manche öfter als für andere. Warum das so ist, ist noch nicht genau geklärt, aber ein paar Parameter kennt man. Mücken mögen unter anderem gerne Ammoniak und Milchsäure, danach riecht unser Schweiß, wenn die Bakterien damit fertig sind, und wenn wir Alkohol im Blut haben. Mangelnde Hygiene leistet auch Vorschub.

Das heißt, eine Stehlampe allein ist für eine Mücke an einem lauen Sommerabend noch kein Hingucker, wenn aber ein verschwitzter, schwer atmender Mensch, der sich schon länger nicht mehr geduscht, dafür aber ein paar Gläser Bier getrunken hat, darunter sitzt, dann ist das für die Mücke ein Lockangebot, dem sie kaum widerstehen kann. ✓

»Hat Gott den Mond erschaffen?«

Kurze Antwort:

--→ Nein, aber er weiß, wie es gehen könnte. ✓

Lange Antwort:

--→ Auch im 21. Jahrhundert gibt es noch erstaunlich viele Menschen, die auf Gott vertrauen, wenn es um die Erschaffung von Himmel und Erde geht. Die wohl bekannteste Publikation bezieht sich auf den Herrn Moses, den viele für eine Kapazität auf seinem Gebiet halten. Er schrieb:

»Im Anfang schuf Gott Himmel und Erde; die Erde aber war wüst und wirr, Finsternis lag über der Urflut und Gottes Geist schwebte über dem Wasser. Gott sprach: Es werde Licht. Und es wurde Licht. Gott sah, dass das Licht gut war. Gott schied das Licht von der Finsternis und Gott nannte das Licht Tag und die Finsternis nannte er Nacht. Es wurde Abend und es wurde Morgen: erster Tag. Dann sprach Gott: Ein Gewölbe entstehe mitten im Wasser und scheide Wasser von Wasser. Gott machte also das Gewölbe und schied das Wasser unterhalb des Gewölbes vom Wasser oberhalb des Gewölbes. So geschah es und Gott nannte das Gewölbe Himmel. Es wurde Abend und es wurde Morgen: zweiter Tag.«

Am zweiten Tag ließ der Herrgott das Meer ein, bastelte die Landmassen samt Begrünung, und am dritten schraubte er die Lichter am Himmel ein, befestigte also Sonne, Mond und Sterne am Himmelszelt, bevor er noch Tiere und Menschen erschuf. Das klingt nach einer vollen Arbeitswoche, selbst für einen Schöpfer: Dass er sich am siebten Tag ausruht, steht ihm zu, wenn er über eine 40-Stunden-

Woche verhandelt wollte, wären wir auf seiner Seite. Mit den Erkenntnissen der modernen Naturwissenschaften ist dieser Schöpfungsbericht leider nicht im Mindesten vereinbar, trotzdem empfehlen die Science Busters, sich von Gott leiten zu lassen, wenn es um die Geschichte der Mondentstehung geht. Wie? Seit Jahren wird auf der Bühne, in Funk und Fernsehen und Drucksorten das Hohelied des Atheismus gesungen, und jetzt das? Die Verwirrung ist verständlich und kommt so zustande: Dass der Mond da ist, ist unbestreitbar, und das ist gut, denn er ist schön und stabilisiert die Erde auf ihrer Bahn. Aber wie ist er dorthin gekommen?

Mythische Erklärungen wie die oben angeführte gibt es schon seit Jahrtausenden. Das ist nicht weiter verwunderlich, denn beim Mond handelt es sich um den einzigen Himmelskörper, den man regelmäßig und detailreich mit freiem Auge beobachten kann. Alle anderen Planeten oder Sterne sind so weit weg, dass sie meistens nur in der Dämmerung und am Nachthimmel als leuchtende Punkte erscheinen. Sternenlicht flackert dabei ein wenig, Planetenlicht strahlt gleichmäßig, so kann man sie ganz gut unterscheiden. Der Mond zeigt uns immer dieselbe Seite, ist regelmäßig heller und weniger stark beleuchtet und bleibt bei uns. Er ist da, wenn wir ihn brauchen, hält aber Distanz, damit wir uns nicht bedrängt fühlen. Er ist wie ein lieber Freund, und es hat lange gedauert, bis wir eine einigermaßen gute Vorstellung davon bekommen haben, wie er unser Gefährte wurde.

Erst vor rund hundert Jahren hat Darwin die erste wissenschaftlich sinnvolle Theorie zur Mondentstehung aufgestellt. Nicht Charles Darwin, den Sie von den Galápagos-Finken kennen, sondern sein Sohn George. Der hat Astronomie studiert und spekuliert, dass sich die Erde früher sehr viel schneller gedreht haben könnte als heute, wodurch sich Teile abgelöst und den Mond gebildet haben. Dort, wo das Baumaterial für den Erdtrabanten sich ins All verabschiedet habe, finde sich auf der Erde heute noch eine »Narbe«, der Pazifische Ozean. Das klingt eigentlich weniger nach Mondentstehung als vielmehr danach, dass man nach einem ausufernden Abendessen mit Weinbegleitung auf dem Heimweg der Versuchung nicht widerstehen konnte, am Kinderspielplatz das Sitzkarussell noch einmal auszuprobieren, woraufhin sich das zuvor Eingenommene zentrifugal aus dem Körper wieder verabschiedet. Oder weniger blumig: Die Erde hat nach dieser Annahme den Mond quasi erbrochen. Wenn man es so formuliert, mutet es nicht sehr seriös an, Darwin hat aber nicht nur spekuliert, sondern auch gerechnet, und wenn man die schnellere Rotation annimmt, dann geht sich tatsächlich alles gut aus. Leider ist Darwins Theorie trotzdem falsch. Die von George, sage ich vorsichtshalber noch einmal dazu, damit nicht eine Einladung von Kreationisten zur Keynote Speech ins Haus flattert.

Auch wenn diese Theorie etwa die Größe oder die Zusammensetzung des Mondes recht gut erklärt, ergeben sich doch einige gravierende Probleme. Die Erde ist zwar früher tatsächlich schneller rotiert, aber nie so schnell, dass damit eine Ablösung, wie oben beschrieben, hätte stattfinden können. Dafür hätte sie mit dem Bleifuß aufs Gaspedal steigen und sich etwa einmal in zwei bis drei Stunden um die eigene Achse drehen müssen.

So eine hohe Rotationsgeschwindigkeit der Erde ist, nach allem, was wir über sie wissen, kaum vorstellbar, und es gibt auch keine Hinweise darauf, dass die Erde das früher gekonnt hat. Auch der Pazifik ist keine »Narbe«, er ist, wie wir heute wissen, durch Plattentektonik entstanden.

Trotzdem war Darwins Theorie für die damalige Zeit nicht schlecht und galt bis in die Vierzigerjahre des letzten Jahrhunderts als Standardtheorie der Mondentstehung. Ein bisschen später als George Darwin hat der amerikanische Astronom Thomas Jefferson Jackson See eine andere Theorie vorgeschlagen, die nicht so nach

Sprühpizza klingt, sondern ein wenig märchenhafter. Der Mond soll von der Erde »eingefangen« worden sein. Nichts ahnend war der kleine Himmelskörper im Weltall unterwegs, weit weg von zu Hause, hielt zwar sicherheitshalber immer gehörig Abstand von anderen Himmelskörpern, wie es ihm seine Eltern eingebläut hatten, hat aber die Gravitation der Erde letztlich doch unterschätzt als argloser Felsbrocken und wurde zwar nicht im Lebkuchenhaus eingesperrt, aber am Schlafittchen gepackt und fürder an die Erde gebunden. Ähnlich wie ein Chamäleon sich mit flinker Zunge eine Heuschrecke schnappt.

Also, Herr See hat das natürlich anders formuliert. Demnach sei der Mond ein Planetesimal, das anderswo im Sonnensystem entstanden ist. Als Planetesimale bezeichnet man Vorformen von Planeten, es handelt sich quasi um »Bausteine«, aus denen sich in der Frühzeit des Sonnensystems Planeten gebildet haben, und diejenigen, die heute noch übrig sind, bezeichnet man in der Regel als Asteroiden bzw. Kometen. Erde und Mond kamen sich eines Tages nahe, der Mond wurde durch die Gravitationskraft der Erde eingefangen und bewegte sich fortan um unseren Planeten herum. Diese Theorie spiegelt die Kräfteverhältnisse wider, wie wir sie auch heute noch auf der Erde gerne haben: Wir nehmen uns einfach, was wir wollen, und der Leibeigene soll fürderhin in unserer Nähe bleiben, gut funktionieren und zu uns aufschauen, weil wir freundliche Leibherren sind. Bei den Hunden hat das geklappt, die haben wir jahrtausendelang zu dem gezüchtet, was sie heute darstellen, und die sind immer noch unterwürfig.

Leider ist auch diese Theorie, wie noch einige andere, die im Laufe des 20. Jahrhunderts vorgeschlagen wurden, nicht zielführend, denn eine Theorie, die die Mondentstehung beschreibt, muss alle anfallenden Fragen sinnvoll beantworten, nicht nur manche. Warum ist der Mond da? Woraus ist er aufgebaut? Warum ist er weniger dicht als die Erde? Wieso ist sein Drehimpuls größer und seine Bahn anders geneigt als die der Erde? Usw. Wir wissen heute, dass der Mond in seiner geologischen Zusammensetzung der Erde sehr ähnlich ist. Wäre er woanders im Sonnensystem entstanden, wäre das nicht so. Ein bisschen vergleichbar mit einem Dialekt, den man in der Kindheit lernt und nie wegbekommt, auch wenn man als Erwachsener lange Jahre woanders lebt. Ein Steirer wird nie so akzentfrei Englisch sprechen wie ein Kalifornier, wie man an Arnold Schwarzenegger sehr gut beobachten kann.

Woher wissen wir eigentlich, dass der Mond der Erde im Aufbau ähnelt? Wir waren dort. Also, nicht wir alle, Sie nicht und ich auch nicht, aber ein paar Astronauten, einmal sogar ein Geologe namens Harrison Schmitt, der im Rahmen der Apollo-17-Mission als bislang letzter Mensch der Welt den Mond betreten hat. Und natürlich auch wieder verlassen hat. Wer nun zweifelt, weil damals ja nur ein paar Hundert Kilogramm eingesammelt wurden, während der Mond viel größer sei, der hat keine Ahnung von Statistik. Nur weil das Ergebnis von Exit Polls so oft nicht mit dem der Wahl übereinstimmt, heißt das nicht, dass die Stichproben-Methode nicht funktioniert. Sondern vielmehr vor allem, dass Menschen, die das Wahllokal verlassen, sehr oft lügen. Steine, die den Mond verlassen haben, tun das aber nicht, und deshalb wissen wir heute, dass der Mond ganz in der Nähe der Erde entstanden sein muss.

So kam es zu der Theorie, auf die man sich heute weitgehend geeinigt hat. Vor 4,5 Milliarden Jahren war im Sonnensystem nämlich noch viel Verkehr. Das Sonnensystem war gerade erst im Entstehen, und laufend kam es deshalb zu gravitativen Drängeleien und Kollisionen. Viele Himmelskörper, die eigentlich das Zeug zu einem Planeten gehabt hätten, sind so aus dem System rausgeflogen und manche ganz verschwunden, bzw. man kann sie nur noch indirekt sehen. Denn eines Tages hat ein Planet, etwa so groß wie der Mars, auf die Erde zugehalten. Beide konnten nicht mehr ausweichen, und so kam es zum Zusammenstoß. Nicht frontal, aber doch ziemlich verheerend. Die noch junge Erde ist dabei noch einmal völlig aufgeschmolzen, und Theia, so nennen wir den Planeten heute, ist durch die enorme Wucht des Aufpralls in seine Bestandteile aufgelöst worden. Das Eisen ist zum Erdmittelpunkt gewandert und hat sich mit dem Eisenkern der Erde verbunden. Ein Teil von Theia ist verdampft – das geht, auch Stein kann einfach verdampfen, ohne davor flüssig zu werden, wenn ausreichend hohe Energien im Spiel sind. Andere Teile sind ins Weltall geschleudert worden und fliegen heute irgendwo im Universum herum, aber einige haben begonnen, eingefangen von der Schwerkraft der Erde, erst um die Erde zu kreisen und schließlich den Mond zu bilden. Gemeinsam mit Teilen der Erde, die beim Zusammenstoß ebenfalls weggeschleudert wurden. Und weil der Mond quasi aus der Erde und Resten von Theia gemacht worden ist, ähneln sich die geologischen Zusammensetzungen der beiden Himmelskörper so sehr.*

Wesentliche Details dieser Theorie wurden im Jahre 2005 veröffentlicht, und jetzt kommt's, von niemand Geringerem als Gott. Wie hat er sich bemerkbar gemacht, wieder durch einen brennenden Dornbusch? Oder war im Jahr 2005 schon eine SMS das Kommunikationsmittel seiner Wahl? Es handelt sich natürlich nicht um einen allmächtigen Gott, der mit uns spricht, diese Konversation findet ja immer nur von Mensch zu Herrgott statt und nie umgekehrt, außer in alten Don-Camillo-Filmen. Die Rede ist von J. Richard Gott III. Das war ein US-amerikanischer Astrophysiker und Kosmologe, der sich intensiv mit der Entstehung des Mondes und des Universums

---

* Es gibt heute eine weitere Theorie, dass der Mond nicht nach einer, sondern nach vielen Kollisionen entstanden sei, die auch nicht unplausibler ist als die Theia-Hypothese, aber etliche Parameter sind noch nicht ausreichend untersucht, um die momentan gültige These zu überschreiben.

überhaupt beschäftigt hat.* Bzw. tut er es noch immer, er lebt noch, Gott ist nicht tot. Es gibt sogar einen wissenschaftlichen Fachartikel mit dem Titel *Kann sich das Universum selbst erschaffen*, verfasst von Gott. Die Publikationsliste von Gott wird seinem Namen tatsächlich sehr gerecht. Darauf finden sich Titel wie *Kosmologie und das Leben im Universum*, *Wird das Universum ewig expandieren?*, *Der mysteriöse Aufbau des Universums*, *Eine Karte des Universums* und *Unsere Zukunft im Universum*. Und eben auch: *Woher kommt unser Mond?*

Gott hat auch wunderbare populärwissenschaftliche Bücher verfasst, unter anderem über Zeitreisen und über den Aufbau des Kosmos. Ich kann wirklich nur empfehlen und hätte mir gleichzeitig nie träumen lassen, dass dieser Satz einmal in einem Buch der Science Busters stehen wird: Lesen Sie Gottes Werke. ✓

---

* Und im Gegensatz zu seinem biblischen Namensvetter hatte J. Richard Gott durchaus Mitarbeiter. Er ist ja auch Wissenschaftler und kein egomanischer Monotheist, der niemanden neben sich duldet. An der Theorie der Mondentstehung haben neben Gott eine Vielzahl anderer Wissenschaftler gearbeitet, und die Arbeit ist immer noch nicht abgeschlossen. Und wird es auch nicht sein, solange wir nicht wieder auf den Mond zurückkehren, um dort weitere Daten zu sammeln. Momentan stammen die relevantesten Beiträge und Erweiterungen zur Mondentstehungsforschung von der amerikanischen Astrophysikerin Robin Canup. Die kann zwar in diesem Sinne als Gottes Nachfolgerin bezeichnet werden, unter Astronomen gilt sie aber trotzdem nur als kompetente Kollegin und nicht als Prophetin.

15

»Hat die TCM 2015 den Nobelpreis bekommen?«

Kurze Antwort:
--→ Scherzkeks (traditionell chinesischer). ✓

Lange Antwort:
--→ Kennen Sie den? Treffen sich Yin und Yang beim traditionellen Chinesen. Fragt der eine: »Ha?« Drauf der andere: »Tschi.«

Diesmal handelt es sich ausnahmsweise um eine rhetorische Frage, denn natürlich wird der weltweit renommierteste Wissenschaftspreis nicht an eine pseudowissenschaftliche Disziplin vergeben. Sonst könnte das Nobelpreiskomitee in Stockholm genauso gut gleich auf Unzurechnungsfähigkeit plädieren, seine Selbstauflösung bekannt geben und es mit dem verbliebenen Stiftungsvermögen noch einmal ordentlich in Feinschmeckerlokalen der Gegend krachen lassen. Wissenschaft ist ja nicht einfach eine Meinung, die man haben kann, eine Laune, die je nach Wetterlage schwankt, sondern eine exakte Methode, ein Konzept, das strikten Regeln folgt und genau deshalb so erfolgreich ist. Und was diesen Regeln nicht entspricht oder entsprechen kann, wird aus guten Gründen nicht als Teil der Wissenschaft anerkannt.

Warum gab es aber trotzdem jede Menge einschlägige Schlagzeilen, die vom Triumph der Traditionellen Chinesischen Medizin (TCM) in Schweden kündeten? *Die Welt* schrieb anlässlich der Verleihung des Medizinnobelpreises an die chinesische Pharmakologin Tu Youyou zum Beispiel: »Ihr Preis hat eine Lanze für die umstrittene traditionelle chinesische Medizin gebrochen.« Abgesehen davon, dass Preise vom Lanzenbrechen circa so viel Ahnung haben wie ein TCM-Arzt von Kopftransplantationen, so haben natürlich nicht TCM oder ihre Verfechterinnen und Verfechter die Auszeichnung bekommen, sondern eine Pharmakologin, und zwar weil sie eben gerade nicht die Methoden der TCM angewendet hat, sondern wissenschaftliche. Sonst wäre sie nach wie vor weltweit praktisch unbekannt und hätte kein lebensrettendes Medikament entdecken können.

In der offiziellen Begründung sagt das Nobelkomitee deshalb auch, dass man den Preis für »die Entdeckung von Artemisinin, einem Malaria-Therapeutikum, das weltweit Millionen Leben, insbesondere in den Entwicklungsländern, rettete« vergeben habe. Und das ist es, was Tu Youyou grandioserweise gelungen ist. Den Wirkstoff Artemisinin aus dem Einjährigen Beifuß zu isolieren. Einjähriger Beifuß klingt nach einem folgsamen Jagdhund, benennt aber eine Pflanze. Tu Youyou hat dabei das gemacht, was in der modernen, wissenschaftlichen Pharmakologie üblich ist, nämlich zu schauen, wo sich Moleküle finden lassen, die im Körper irgendwie wirken, zu erforschen, wie diese Wirkung genau aussieht und was da genau warum wirkt. Das alles hat mit TCM nicht das Geringste zu tun. Die kam eher zufällig ins Spiel, weil Tu Youyou dazu unter anderem von einem 1700 Jahre alten chinesischen Buch angeregt worden ist, das sich mit der Heilkraft verschiedener Kräuter beschäftigt. Dabei ist sie zwar systematisch, aber vorerst ziemlich erfolglos vorgegangen: »During the first stage of our work, we investigated more than 2,000 Chinese herb preparations and identified 640 hits that had possible antimalarial activities. More than 380 extracts obtained from ~200 Chinese herbs were evaluated against a mouse model of malaria. However, progress was not smooth, and no significant results emerged easily.«

Sie hat mit ihrem Team also über 2000 Pflanzen untersucht, etwa 640 galten anfangs als vielversprechend, mehr als 380 Extrakte aus gut 200 dieser Pflanzen sind anschließend im Tierversuch an Mäusen getestet worden, aber ohne nennenswerte Resultate. Denn in dem alten Buch ist einfach sehr viel drinnengestanden, was irgendwer irgendwann, als es noch keine sinnvolle Medizin und Naturwissenschaft gab, beobachtet hat und was vielleicht einmal geholfen hat, möglicherweise aber auch nicht, sondern nur irrtümlicherweise für ein Heilmittel gehalten wurde, während der damit behandelte Patient ganz von allein genas. Man weiß es nicht, und nur weil es in einem alten Buch steht, muss es noch nicht stimmen. Wenn irgendwo irgendwer behauptet, dass irgendwelche Kräuter gegen irgendwas wirken, kann man es glauben oder nicht. Selbst wenn es sich um die eigene geliebte Oma handelt, die das »alte Wissen« schon von ihrer Uroma übernommen hat, die es von einem seit 1700 Jahren toten Chinesen erfahren hat.

»Altes Wissen« heißt nämlich deshalb altes Wissen, weil es mittlerweile neues gibt, das das alte, wenn es zu gebrauchen war, sich einverleibt oder widrigenfalls verworfen hat. Denn Alter, fremde Nationalität oder nahe Verwandtschaft sind keine Grundlage für wissenschaftliche Evidenz. Wenn man etwas wissen möchte, stellt man eine Hypothese auf, prüft und testet und protokolliert und prüft und testet und protokolliert. Und wenn man schließlich publizieren möchte, dann lässt man andere prüfen, um etwaige übersehene Fehler auszumerzen. Und wenn sich dabei zu viele finden, dann muss man noch ein paar Mal prüfen, testen und protokollieren. Erfolgreiche Wissenschaft beruht eben gerade nicht auf mündlicher Tradierung vor dem Herdfeuer im Kreise der Lieben, sondern ist langwierige, frustrierende und komplizierte Forschungsarbeit. Und genau das hat Tu gemacht und schließlich nach langen Irrwegen den Wirkstoff gefunden, für den sie mit dem Nobelpreis ausgezeichnet wurde. Auf die Spur ist sie Artemisinin, wie es heute in der Medizin Verwendung findet, wiederum durch ein anderes altes Buch gekommen. In Ge Hongs *Handbuch für Notfallrezepte* fand sie ein

Rezept, das empfahl, den Beifuß in Wasser einzulegen, auszuwringen, um schließlich den Saft zu trinken. Das brachte sie auf die Idee, dass man den Wirkstoff vielleicht durch hohe Temperaturen zerstört, bei niedrigen aber nicht. Aber auch das war nur ein Hinweis, der nicht helfen hätte können, wäre sie nicht in der Lage und willens gewesen, systematisch und nach genauen wissenschaftlichen Regeln weiterzuarbeiten. Das lässt sich mithilfe einer Analogie veranschaulichen.

Es gibt Berichte, wonach schon in der Antike, im weltberühmten Alten Ägypten, verschimmeltes Brot bei der Wundbehandlung Verwendung fand. Davon auszugehen, dass die Ärzte der Pharaonen deshalb bereits das Geheimnis von Antibiotika gekannt, aber leider mit ins Pyramidengrab genommen haben, als sie als Grabbeigabe ihres Vorgesetzten mitbeerdigt worden sind, ist natürlich Unsinn. Denn nicht aus jedem Schimmelpilz kann man Penicillin herstellen. Die meisten Schimmelpilze machen vielmehr krank, greifen unter anderem die Leber an oder die Lunge. Berichte von solchen Heilungen gibt es auch deshalb, weil sie ungewöhnlich waren, während die erfolglosen Behandlungen einfach nicht dokumentiert worden sind, weil das Ableben aufgrund von Infektionen schlicht das Normale war.

Erst nachdem 1874 der Wiener Chirurg Theodor Billroth die bakterientötende Wirkung von Schimmelpilzen beschrieben und wiederum erst einige Jahrzehnte später im Jahr 1928 Alexander Fleming systematisch mit *Penicillium notatum* gearbeitet und dadurch Antibiotika entwickelt hatte, war ein Mittel gegen bakterielle Infektionskrankheiten wie Lungenentzündung, Pest und Syphilis gefunden. Davor kamen diese Erkrankungen in der Regel einem Todesurteil gleich, trotz der jahrtausendealten Kenntnis der Alten Ägypter vom heilenden Schimmelbrot. Denn gemeinhin gilt auch heute noch, was Foyer des Arts 1985 gesungen haben: »Schimmliges Brot verdirbt oft die Freude, schimmliges Brot schmälert das Vergnügen, schimmliges Brot ist selten von Vorteil.« Die Akkuratesse, mit der Schimmel immer wieder und mehr zufällig als systematisch geholfen hat, wird einem klar, wenn man sich die Anleitung zu einer Therapie vor Augen hält, die aus Südafrika überliefert ist: Ein schielendes Kind muss Getreidekörner kauen, die dann an die Äste eines bestimmten Baumes gehängt werden, der nahe am Wasser wächst, wo die Körner verschimmeln. Warum das Kind einen Sehfehler brauchte, weiß man nicht genau, aber vermutlich, weil man körperliche und geistige Behinderungen früher mit guten und bösen Geistern in Verbindung gebracht hat, die von diesen mitunter bedauernswerten Menschen Besitz ergriffen hatten.

Hätte Tu Youyou sich an die Empfehlungen und Gepflogenheiten der TCM gehalten, wäre sie nie so weit gekommen. Denn auch dort spielen nach wie vor Dämonen und missgünstige Ahnen eine ähnliche Rolle und können Menschen krank machen. Wie, weiß kein Mensch. Oft handelt es sich bei Therapieempfehlungen um simple magische Entsprechungsmedizin, die etwa Kräuter, die keine Früchte hervorbringen, als Verhütungsmittel empfehlen, weshalb man keine Kinder bekommt, wenn man sie verzehrt. Grundlage ist das *Qi*, eine mystische Lebensenergie ohne SI-Einheit, die man mit dem Pneuma der antiken griechischen Medizin vergleichen kann, einer Art Hauchseele, die gemeinsam mit dem Blut durch den Körper unterwegs ist. Und wenn es Stau gibt oder Umleitungen oder Havarien des Qi, dann sind Krankheiten die Folge. Heute wissen wir, solche Konzepte sind Unfug und resultieren daraus, dass in China jahrhundertelang das Öffnen von Leichen verboten war und man deshalb keinerlei Ahnung von Aussehen, Funktion und Zusammenwirken der inneren Organe hatte. Auf Basis dieser Unkenntnis wurde auch die Fünf-Wandlungsphasen-Lehre entwickelt mit Yin und Yang, im Rahmen derer einzelnen Organen unterschiedliche Aufgaben zugeordnet werden, ähnlich wie auf einem Filmset. Die Leber wäre demnach der Produzent, das Herz Regisseur, die Lunge Aufnahmeleiter, die

Milz macht das Catering, und die Nieren geben eine Art Drehbuch-
autor. Warum Galle, Bauchspeicheldrüse, Magen, Darm oder Thymus nicht mitspielen dürfen, ist nicht geklärt. Bzw. natürlich schon.
Das Wissen und die Behandlungsmethoden wurden allein aufgrund
von Befragung und Beobachtung der Patienten entwickelt. Ein blas-
ser Mensch hat demnach vielleicht ein schwaches Herz-Qi. Vielleicht aber auch nicht, vielleicht leidet er unter Eisenmangel oder
an einer Infektion oder einer Lebensmittelvergiftung oder an einem Hangover. Oder das Licht bescheint ihn ungünstig. TCM ist
eine vorwissenschaftliche Methode, für die Existenz des ominösen
Qi gibt es nicht den Hauch eines Beleges, die Meridiane und Ener-
giepunkte im Körper sind reine Fantasieprodukte, die Sie hinzeich-
nen können, wo Sie wollen, es ist immer richtig. Und leider dadurch
auch immer falsch.

Manche pflanzlichen Arzneien, die zum Einsatz kommen, helfen,
andere wieder nicht, manche sind stark mit Schwermetallen belas-
tet, etliche durch die intensive Bewirtschaftung vom Aussterben
bedroht, was ebenso für manche Tiere gilt, die entweder in verschiedenen Teilungen und Zermahlungen den Arzneien beigemengt werden – Seepferdchen, Tiger, Mantarochen, Schneeleopard, Nashorn –
oder die man wie Bären grausam auf Farmen hält, um ihnen regelmäßig Gallensaft abzuzapfen. Für die Wirksamkeit der meisten
Medikamente existiert aber keinerlei wissenschaftlicher Beweis.
All das soll auf eine jahrtausendealte Tradition zurückgehen, ist
aber nur bis ins 2. Jahrhundert v. u. Z. belegbar. Und das, was heute
in Europa als TCM praktiziert wird, ist überhaupt erst nach der Kul-
turrevolution in den 1950er Jahren unter Mao Zedong zusammen-
geschustert worden, und zwar hauptsächlich, um damit im Westen
Geld zu verdienen.

Das, was Tu Youyou gemacht hat, basiert also zwar auf den Ideen
der TCM, ist aber selbst keine TCM und auch kein Beleg für ihre

Wirksamkeit. Sie hat viele der klassischen Kräuter geprüft und in einem einen Wirkstoff gefunden. Das war gut, vor allem für viele Menschen, die an Malaria erkrankt waren, aber medizinisch darüber hinaus keine große Sensation. Die Pflanzenwelt ist seit langer Zeit und oft Grundlage für pharmakologische Wirkstoffe. Woher hätten wir Menschen denn sonst lernen sollen, was es für Wirkstoffe gibt, wenn nicht aus der Natur, die uns umgibt?

Wir haben uns aber nicht damit begnügt, daraus Tees zu brauen, sondern sie bis in einzelne Moleküle zerlegt und wieder so zusammengesetzt, dass wir Medikamente herstellen konnten, die die gewünschten Wirkstoffe beinhalten und unerwünschte Nebenwirkungen möglichst nicht. Aspirin etwa basiert auf Weidenrinde, die schon von den frühen Hochkulturen als Mittel gegen Fieber und Schmerzen eingesetzt worden ist. Das wusste man also früh, aber nicht einmal ansatzweise, was dabei passiert, und erst im Jahr 1828 hat der deutsche Pharmakologe Johann Andreas Buchner daraus Salicin extrahiert, was später zur Synthetisierung von Acetylsalicylsäure führte. Also dem Wirkstoff, der heute unter dem Markennamen *Aspirin* verkauft wird. So geht Wissenschaft, und deshalb hat Tu Youyou TCM nicht bewiesen und wurde der Nobelpreis nicht für oder an die TCM vergeben. Die ist immer noch der größtenteils abergläubische und esoterische Unsinn wie vor der Preisverleihung. Tu Youyou hat sich allerdings von TCM inspirieren lassen, das ist, auch wenn ihre Ergebnisse und Erkenntnisse solide Wissenschaft darstellen, die mit soliden wissenschaftlichen Methoden gewonnen worden sind, nicht zu leugnen. Sie ist sogar bis heute eine begeisterte Anhängerin von TCM.

Das klingt seltsam und unlogisch, kommt aber gar nicht so selten vor. Wissenschaft ist oft verwirrend, wenn man die gewonnenen Erkenntnisse betrachtet und sie mit den Menschen vergleicht, die sie gefunden haben. Isaac Newton war beispielsweise ein religiöser

Fundamentalist, Alchemist und Esoteriker. Die Motivation für einen guten Teil seiner Arbeit war die Suche nach dem Stein der Weisen und den »Geheimnissen« in der Bibel. Das ändert aber nichts daran, dass das, was er gefunden hat, die Grundlage der modernen Wissenschaft ausmacht. Solange man die Motivation der Forschenden nicht mit der Forschung selbst verwechselt und zum Beispiel Gott oder Qi oder dergleichen als Beleg für einen Wirkmechanismus verwendet, kann man sich motivieren lassen, wovon man will.

Der US-Amerikaner Robert J. White war beispielsweise nicht nur einer der besten Chirurgen des 20. Jahrhunderts und ein Pionier auf dem Gebiet der Kopftransplantation, sondern auch leidenschaftlicher Katholik und hat angeblich vor jeder Operation gebetet. Wenn man das als Patient kurz vor dem Einschlafen am Operationstisch mitbekommen hätte, hätte man sich vielleicht gedacht: »Scheiße, wenn der beten muss, damit der Eingriff gelingt, geht es mir vielleicht an den Kragen. Hoffentlich rutscht er mit dem Skalpell nicht ab und muss den Kopf nachher wieder annähen ...« Und dabei war man bei ihm doch in besten Händen, und zwar denselben, die eben noch mit Kreuzzeichenmachen beschäftigt waren. ✓

»Wo im Universum gibt es die beste Supererde?«

Kurze Antwort:

--→ Geschmackssache. ✓

Lange Antwort:

--→ Je nachdem, wer misst, beträgt das Alter der Erde zwischen 6000 und rund 4,5 Milliarden Jahre. 5975 bzw. rund 4,5 Milliarden Jahre lang war das auch die einzige Erde, die wir gekannt haben. Aber im Jahr 1995 wurde mit der Entdeckung des ersten Exoplaneten alles anders, denn seitdem wissen wir, dass auch um andere Sonnen Planeten kreisen. Vermutet hat man das schon lange, aber belegt werden konnte es erst Ende des 20. Jahrhunderts.

Wir wissen, dass es im Weltall Milliarden von Exoplaneten gibt, verbindlich entdeckt hat man in anderen Sonnensystemen 3623 Exemplare. Das ist aber nur der Stand Sommer 2017, schon bis zum Erscheinen des Buches kann sich das geändert haben und danach sowieso, da Astronominnen und Astronomen mittlerweile wirklich sehr gut im Planetenentdecken sind. Etliche dieser Himmelskörper gelten als Supererden, ganz wenige in der habitablen Zone, wo es Leben geben könnte! Allerdings nur, wenn man mit den Augen eines Astronomen draufschaut, der unter drei, vier Lichtjahren gar nicht vom Sessel aufsteht.

In der Molekularbiologie ist eine Supererde etwas grundsätzlich anderes. Schon auch Erde, aber nicht in anderen Sonnensystemen zu Hause, sondern zum Greifen nahe. Grob gesagt das, was sich unter der Wiese befindet, auf der man mit den Kindern oder auch dem Hund Fangen spielt oder Ähnliches. Oben Gras, nicht zersetztes

Pflanzenmaterial, und wenn man mit einem Spaten in die Wiese hineinsticht, dann folgen in der Reihenfolge ihres Erscheinens Grasnarbe, ein Bereich mit dunkler Erde, anorganischem und organischem Material, wie etwa Wurzeln, Regenwürmer, tote Maulwürfe, der von der Familie feierlich beerdigte Wellensittich usw. Aus Sicht des Molekularbiologen oder der Molekularbiologin handelt es sich dabei allerdings lediglich um Proteine, Kohlehydrate, Fette. Ein auf der Straße zusammengefahrener Igel besteht daraus genauso wie eine Katze oder eine Kröte, die es nicht mehr rechtzeitig auf die andere Seite geschafft hat. Wir selber sind übrigens auch nichts anderes als eine Ansammlung von Protein-, Kohlehydrat- und Fettmolekülen, und Erde eben auch.

Und weil es sich dabei lediglich um Moleküle handelt, kann man mit ihnen vieles machen, auch kochen. Das wird zumindest in Japan in einem Feinschmeckerlokal praktiziert und an der Karl-Franzens-Universität Graz. Wenn dort wer sagt: »Friss Staub!«, dann ist das quasi eine Essenseinladung. Ganze Menüs werden mittlerweile im Geschmackslabor an der Mur gemeinsam mit dem Schweizer Koch Rolf Caviezel entwickelt und zubereitet, beginnend mit Erdsuppe, über Schweinsbraten im Erdmantel mit Wurzelgemüse bis zum Erdtiramisu. Und natürlich Erdkaffee.

Wie aber kommt man auf die Idee, Erde zu essen? Naheliegend ist es nicht, und nur selten passiert es, dass man bei einer Essenseinladung vom Gastgeber mit den Worten begrüßt wird: »Schuhe bitte anlassen, ich muss ohnedies zusammenkehren, brauche die Erde für die Suppe.« Erde zu essen klingt allerdings ungewöhnlicher, als es ist, zumindest wenn man die Kulturgeschichte der letzten Jahrhunderte durchforstet. Denn soweit wir über Aufzeichnungen verfügen, haben Menschen zu allen Zeiten in allen Gesellschaften aus unterschiedlichen Gründen Erde gemampft. Der Fachausdruck dafür lautet Geophagie, also »Erde fressen«. Es war in der Regel kein

Massenphänomen, aber ist regelmäßig und überall auf der Welt vorgekommen. Der Naturforscher Alexander von Humboldt berichtete davon genauso wie der Mediziner Georg Buschan oder der Anthropologe Berthold Laufer in seinem einschlägigen Standardwerk *Geophagy*. Gründe, warum Menschen Erde auf den Speiseplan gesetzt haben, gibt es viele, etwa Nahrungsmittelknappheit oder medizinische Gründe und natürlich religiöse. Die bizarren Sachen haben zu allen Zeiten in allen Religionen immer einen gemütlichen Hauptwohnsitz gefunden.

Die religiöse Verwendung von Erde hatte dabei aber oft nur am Rande mit Verzehr zu tun. Es gab zwar auch Bräuche, in deren Rahmen Heiligenfiguren aus Erde geformt und zum Schutz vor Krankheiten oder als Heilmittel verzehrt wurden, aber sehr oft beließ man es bei der Andeutung. Etwa so wie das Kippen einer Schaufel voller Erde ins offene Grab, wie man das bei uns kennt. In antiken Riten, etwa in Mexiko, spielte die Erdverehrung allerdings keine geringe Rolle. In vorindustrieller Zeit, als man noch keine Kunstdünger kannte und internationale Lebensmittelbörsen, musste die Erde noch beschworen werden, damit es immer genug zu essen gab. Im Rahmen von Zeremonien zu Ehren des Gottes Tezcatlipoca wurde deshalb musiziert, in alle vier Himmelsrichtungen auf einer Tonflöte. Anschließend steckte der Flötenspieler seine Finger in die Erde und aß sie. Also nicht die Finger, sondern das bisschen Erde, das am Finger haften blieb. Nachdem der Vorkoster fertig geschmaust hatte, tat es ihm die Festgemeinde gleich, allerdings ohne vorangegangenes Flötenspiel, was insgesamt als Zeichen der Verehrung verstanden wurde. Tezcatlipoca war damals als Gottheit zuständig für die Nacht und den Wind. Vor beiden haben sich Menschen seit jeher und teilweise natürlich völlig zu Recht gefürchtet, und bevor man wusste, was Elektrizität ist und wie Stürme entstehen, war in der Regel ein Gott die beste Erklärung für Naturkatastrophen und Finsternis.

Auch dem Kriegsgott Huitzilopochtli wurde auf ähnliche Weise die Aufwartung gemacht. Finger in die Erde und danach aber nicht abschlecken, sondern küssen, vielleicht damit es nicht zu Verwechslungen kam und sich plötzlich gar kein Gott mehr zuständig fühlte, weil er dachte, die Anrufung hätte dem Amtskollegen gegolten. Dass dieser Brauch heute noch Nachhall im Land der späteren Eroberer findet, wenn der Ballermann-Hit »Finger im Po – Mexiko« gegrölt wird, stellt allerdings eine deutlich zu freie Deutung zeremonieller Kontinuitäten im Wechselspiel zwischen alter und neuer Welt dar.

Auch als Nahrungsmittel oder Nascherei wurde Erde in vielen Gegenden immer wieder konsumiert. Bereits ab dem Mittelalter gibt es Berichte, dass in Europa während Hungersnöten Bergmehl und Steinbutter gegessen wurden. Bei Bergmehl handelt es sich um ein bröseliges, gipsartiges Gestein, das man als Streckmittel von herkömmlichem Mehl verwenden konnte, bei Steinbutter um sehr fetthaltigen Ton, den sich Bergarbeiter als Butterersatz aufs Brot gestrichen haben. Man kann sich das grob gesagt ein wenig so vorstellen, dass mit Bergmehl Brötchen gebacken wurden, die man über die Stollenmauer gezogen hat, und fertig war die Butterstulle. Eigentlich sehr grob gesagt. Im Jahre 1617 veranlasste Nahrungsmittelknappheit Hunderte Menschen, den Mehlberg im deutschen Klieken auf der Suche nach Bergmehl so lange abzugraben, bis der Berg fast vollständig untergraben war, einstürzte und zahlreiche Menschen unter sich begrub. Einen Stollen zu essen hatte damals also eine völlig andere Bedeutung als bei uns zur Weihnachtszeit.

Wenn wieder genug echtes Essen da war, wurden Bergmehl und Steinbutter umgehend vom Speiseplan gestrichen. Zumindest in Deutschland. Es gibt nach wie vor Berichte, wonach in manchen Gegenden Afrikas das Erdeessen üblich sei, auch aus medizinischen Gründen. Aber welche medizinischen Indikationen könnte es geben, um Erde zu verzehren? Aus dem 2. Jahrhundert unserer Zeitrechnung existieren Aufzeichnungen des griechischen Arztes Galen, der rote Tonerde gegen Durchfall verabreicht hat. Gegen Durchfall oder wenn man welchen haben möchte? Gegen, Sie werden staunen.

Im 14./15. Jahrhundert hat man der *terra sigillata*, einer rötlichen Tonerde, die immer nur an bestimmten Tagen Anfang August geerntet werden durfte, an europäischen Königshäusern allerdings so große Wirkung zugetraut, dass sie zu praktisch allen Mahlzeiten gegessen wurde. Nicht so sehr um Durchfall zu vermeiden, sondern vor allem um Vergiftungen abzumildern. Sollte die Nahrung vergiftet sein, erhofften sich König und Königin, dass das Gift in Kombination mit der Erde Brechreiz auslöse. Also Durchfall nein danke, aber Brechreiz ja bitte. Ob die Erde rot sein musste, damit es auch farblich was hergibt für den Hofstaat, wenn der vergiftete Herrscher mit dem Porzellanlenkrad fährt, ist allerdings nicht überliefert.

Für die heilende Wirkung von Erde als Zubrot gibt es allerdings bis heute keinerlei Belege. Im Gegenteil muss man sehr genau wissen, welche Erde man zu sich nehmen kann und welche nicht. Wissenschaftler versuchten mittels eines Simulationstests den menschlichen Verdauungstrakt nachzustellen und wollten die Aufnahme von Spurenelementen aus Erdproben testen. Die Resultate waren jedoch sehr widersprüchlich, da man, abhängig von den Proben, sowohl eine Erhöhung als auch eine Reduzierung des Mineralstoffgehaltes feststellen konnte. Eine andere Gruppe fand heraus, dass Calcium, Kupfer und Mangan aufgenommen werden können, Eisen jedoch nicht. Die Auswertung der Ergebnisse lässt somit keine eindeutigen Aussagen bezüglich der Rolle der Erde als Nährstofflieferant zu, zumal die durchgeführten Tests nur in Simulationen durchgeführt wurden. Die Annahme, dass das Essen von Erde vorwiegend der Mineralstoffaufnahme dient, ist daher eher unwahrscheinlich. Einige Studien belegen darüber hinaus, dass in Erdproben vermehrt erhöhte Bleikonzentrationen auftreten können. Längst nicht jede Erde ist also zum Verzehr geeignet. Einfach in den Garten gehen, sich eine Handvoll Erde holen und auf dem Weg in die Küche schon ein bisschen naschen, ist beispielsweise nicht zu empfehlen. Erde aus dem Garten zu essen kann im wahrsten Sinne des Wortes in die Hose gehen. Dann rumpelt es kurz im Gedärm, und ein erstklassiger Durchfall meldet sich gehorsamst zum Dienst. Deshalb müssen Erdproben vor dem Verzehr unbedingt untersucht und mit Hitze vorbehandelt werden. Denn in der Erde finden wir organisches Material, und überall, wo es organisches Material gibt, finden sich auch Mikroorganismen. Pathogene, also krank machende Mikroben können nicht nur für Durchfall sorgen, sondern auch für Schlimmeres. Wer also nicht ins Gras beißen möchte, sollte es auch nicht ohne Weiteres tun.

Industriell aufbereitete Blumenerde aus dem Baumarkt ist leider auch nur vermeintlich eine bessere Alternative fürs Abendbrot. Um den Preis möglichst niedrig zu halten, werden diese Erden mitunter mit Klärschlamm versetzt, also gestreckt. Das bedeutet, dass das, was man nach dem Stuhlgang in den Kanal runterlässt, in die Kläranlage kommt, dort behandelt wird und als Teilzeitmitarbeiter der Blumenerde wieder retour kommt. Zumindest ist das theoretisch nicht ausgeschlossen. Es kann also sein, dass man sich so selber wiedertrifft. Was man, wenn es nur um wirtschaftliche Erwägungen ginge, eigentlich sogar noch billiger haben könnte, indem man den Umweg über die Kläranlage spart und gleich nascht. Wenn man also in Japan oder an der Uni Graz ein Stück von Mutter Erde verzehrfertig macht, dann wird diese vorher gründlich auf Schadstoffe untersucht und davon befreit.

Anders als bei Supererden im Weltall, auf denen man Leben zu finden hofft, ist das bei der Supererde in der Küche nicht erwünscht. Erst nach gründlicher Vorbehandlung wird gekocht und aufgetischt.

Das schmeckt zwar letztlich immer noch nach Erde, und es knirscht beim Essen zwischen den Zähnen, aber deshalb drapieren sie im Geschmackslabor ja auch so köstliche Sachen wie Schweinsbraten, Wurzelgemüse, Mascarpone und in Kaffee getauchte Biskotten rundherum, damit man die Erde nicht so merkt. ✓

»Sind 95 Prozent aller Tierversuche unnötig?«

Kurze Antwort:

--→ Das ist richtig und falsch zugleich, je nachdem, wer fragt. ✓

Lange Antwort:

--→ Manche Aussagen klingen anfangs unplausibel, stellen sich aber als wahr heraus, wenn man länger darüber nachdenkt oder sich zumindest die Mühe macht, danach zu googeln. Etwa, dass ein Eierkocher umso mehr Wasser benötigt, je weniger Eier man darin kocht. Oder dass heißes Wasser unter bestimmten Bedingungen schneller gefriert als kaltes. Oder dass man vielleicht doch nur wenige Freunde hat, obwohl das Facebook-Profil das Gegenteil behauptet. Genauso widersprüchlich klingt Folgendes: 95 Prozent aller Medikamente, die im Tierversuch wirksam sind, werden nicht für den Menschen zugelassen. Trotzdem ließen sich ohne Tierversuche derzeit kaum Medikamente entwickeln.

Sterben die kleinen Racker im Labor also, damit man die grausamen Wissenschaftler irgendwie beschäftigt, während sich die lieben währenddessen neue Medikamente ausdenken, ohne sich die Finger schmutzig zu machen? Es wäre schön, wenn es so einfach wäre. Tierversuche haben in der wissenschaftlichen Forschung eine ebenso lange Tradition, wie sie in den letzten Jahrzehnten zunehmend in Verruf geraten sind. Mitunter gehen heutzutage in Diskussionen die Wogen derart hoch, dass es schon fast unangenehmer ist, über die Notwendigkeit von Versuchstieren zu sprechen, als mit einem Mitglied der Hells Angels darüber zu streiten, ob Rollschuhe nicht doch das bessere Fortbewegungsmittel wären. Wer von seiner Partei als

Kanzlerkandidat aufgestellt wurde, aber eigentlich keine Lust hat, Regierungschef zu werden, der muss sich während des Wahlkampfs als vehementer Befürworter von Tierversuchen profilieren und bei Auftritten konsequent Bilder aus Labors zeigen; danach kann er sein Leben wieder abseits der Spitzenpolitik genießen. Wenn er nicht davor gelyncht wurde.

Aber warum ist das so? Der Großteil der Tiere ist den meisten Menschen eigentlich ziemlich egal. Kaum jemals läuft eine Grillparty aus dem Ruder, weil jemand eine Mücke auf seinem Unterarm erschlägt. Wer auf eine Kakerlake steigt und sie knackend ins Jenseits befördert, bevor der Rest der Familie das Urlaubsappartement betritt, kann sicher sein, Ärger vermieden und nicht heraufbeschworen zu haben. Und wer in einen Haufen Hundekot tritt und dabei versehentlich das Leben einer darin jausnenden Fliege beendet, macht sich vermutlich über den Insektentod nur sehr wenig Gedanken. Selten nur werden Lebensmittelmotten in die Freiheit entlassen, bevor man das durch ihr Schaffen ungenießbar gewordene Mehl in den Mistkübel entsorgt. Die Liste ließe sich fortsetzen, und dass wir Tiere, die in unseren Augen ekelhaft aussehen und als Schädlinge gelten, im Ableben nicht so sehr bedauern wie diejenigen mit den großen Augen und weichem Fell, nennt man Bambi-Syndrom. Vereinigungen wie der WWF haben deshalb den Panda als Maskottchen und nicht den Bandwurm oder die Schildzecke.

Nur, wovon sprechen wir eigentlich, wenn wir über Tierversuche reden? Sie können gerne sofort weiterlesen, wenn Sie möchten, oder aber Sie nehmen sich davor kurz Zeit für einen kleinen Test im Freundeskreis oder bei Ihren Mitbewohnerinnen und Mitbewohnern, falls sich welche in der Nähe befinden. Fragen Sie einfach, was sie sich unter Tierversuchen vorstellen. Ohne moralische Wertung, nur um zu prüfen, worüber eigentlich gesprochen wird, wenn es um Tierversuche geht. Möglicherweise kommt es unter anderem deshalb zu derart hitzigen Diskussionen bei dem Thema, weil alle etwas anderes darunter verstehen und die meisten weder einen Tierversuch aus der Nähe gesehen haben noch jemanden kennen, der damit arbeitet, geschweige denn selbst einen durchgeführt haben.

Wenn Sie keine Lust auf eine Umfrage haben, geht es gleich hier weiter.

In Österreich handelt es sich bei rund 85 Prozent aller für die Forschung verwendeten Tiere um Mäuse. Zählt man Ratten und Fische dazu, kommt man auf über 90 Prozent. Im Gegensatz zu einer weitverbreiteten Annahme dürfen in der Europäischen Union keine Kosmetikprodukte verkauft werden, die an Tieren getestet worden sind. Wenn Sie in Ihrem Garten also eine Ratte mit Lippenstift finden, die sich nach dem Epilieren die Beine mit Lotion eincremt, handelt es sich dabei eher nicht um einen Labor-Flüchtling. Dafür hilft es vielleicht, wenn Sie Ihren Drogenkonsum evaluieren.

Dass Menschen begonnen haben, Versuche an Tieren durchzuführen, hat unter anderem historische Gründe, denn in vielen Ländern waren Sektionen an Leichen aus religiösen Gründen lange Zeit verboten, einen Gutteil des Wissens über Anatomie und Funktion von Lebewesen und auch des menschlichen Körpers hat man sich also in der Vergangenheit im Tierversuch aneignen müssen. Aber sind sie deshalb auch heute noch notwendig? Oder sind Versuchstiere ein überholtes Relikt der Wissenschaftsgeschichte, eigentlich längst unnötig, aber aus Traditionsbewusstsein und wegen der administrativen Unbeweglichkeit vieler Forschungseinrichtungen noch üblich?

Für Wissenschaftlerinnen und Wissenschaftler sind Tierversuche in fast jeder Hinsicht kostspielig und mit enormem bürokratischen Aufwand verbunden. Auch deshalb, weil jeder Versuch vorab von einer Ethikkommission begutachtet und danach behördlich genehmigt werden muss. Die Ethikkommission setzt sich häufig aus Tierärzten und -ärztinnen, Naturwissenschaftlerinnen und -wissenschaftlern zusammen sowie Leuten, die von Tierschutzorganisationen vorgeschlagen worden sind. Um eine Genehmigung zu bekommen, müssen die Forscherinnen und Forscher ihre Versuche vorab genau planen und vor allem drei Dinge belegen:

Erstens muss gezeigt werden, dass nicht mehr Tiere zum Einsatz kommen als unbedingt notwendig, zweitens, dass die Belastung der Versuchstiere so gering wie möglich gehalten wird, und drittens, dass sich der Tierversuch nicht durch eine andere Methode ersetzen ließe. Es werden also nur Tierversuche zugelassen, zu denen es keine Alternative gibt.

Tierversuche müssen vorab bis ins kleinste Detail geplant werden. Das klingt nach einer harmlosen Formalität, macht im wissenschaftlichen Alltag aber einen enormen Unterschied, weil die ansonsten beliebte »Schauen wir einmal, was passiert, und dann überlegen wir uns etwas«-Versuchsplanung, die ab und zu auch tatsächlich auf die richtige Spur führen kann, bei Tierversuchen nicht machbar ist. Und das ist natürlich auch gut so. Schafft man es nach diesem Prozedere, tatsächlich eine Genehmigung zu bekommen, wird von der Zulassungsbehörde eine Zusammenfassung des Versuchs erstellt, die auf der Website des Wissenschaftsministeriums öffentlich einsehbar ist.

Sobald diese formalen Hürden gemeistert sind, beginnt man mit den Mäusen zu arbeiten, aber jederzeit kann ein Kontrolleur unangemeldet ins Labor kommen und ein Strafverfahren einleiten, falls die vorgeschriebenen Haltungsbedingungen nicht eingehalten werden. Und selbst wenn alles reibungsfrei abläuft, ist es deutlich mühsamer, mit Mäusen zu hantieren als mit Zellkulturen, die man im Gegensatz zu den Tieren vorübergehend wegfrieren kann, wenn man am Wochenende einmal nicht ins Labor kommen möchte. Kein Wissenschaftler, der nicht Feind seiner Lebenszeit ist, wird deshalb einen Tierversuch durchführen, wenn sich die wissenschaftliche Fragestellung auch anders beantworten lässt. Abgesehen davon, dass er es gar nicht dürfte. Tierversuche gibt es unter anderem deshalb trotzdem, weil es besonders in der medizinischen Forschung nicht immer möglich ist, darauf zu verzichten, da mehrzellige Organismen viel komplizierter sind, als man aus der Summe ihrer Einzelteile schließen kann.

Dass es zwischen Mäusen und Menschen erwähnenswerte Unterschiede gibt, ist nicht weiter überraschend. Obwohl wir über 90 Prozent unserer Erbinformation mit der Maus gemeinsam haben, flitzen Menschen ohne vorangegangenen LSD-Konsum nur selten auf allen vieren über den Waldboden und hoffen, nicht vom Habicht geschlagen zu werden. Trotzdem handelt es sich bei Mäusen um vollständige Säugetiere, und als solche kommen sie dem Menschen in vielen Aspekten näher als andere Versuchsmodelle.

Mit Ersatzmethoden können deshalb viele medizinische Fragestellungen nicht beantwortet werden. Ein Problem bei Zellkulturen besteht beispielsweise darin, dass sich gewöhnliche Körperzellen nicht unbegrenzt teilen können und sich außerhalb des Körpers deshalb nicht direkt vermehren lassen. Tumorzellen hingegen besitzen unbegrenzte Teilungsfähigkeit, weshalb man Körperzellen erst in Tumorzellen umwandeln muss, bevor man daraus eine Zellkultur macht. Die Umwandlung geschieht entweder mithilfe bestimmter Viren, oder indem man die Körperzelle mit einer Tumorzelle fusioniert. Anstatt mit einem vollständigen Organismus hat man es also mit einem einzelnen, künstlich veränderten Zelltyp zu tun, der mit einer gewöhnlichen Körperzelle nur mehr wenig gemeinsam hat. Noch dazu besteht der menschliche Körper aus ungefähr zweihundert verschiedenen Zelltypen, die sich größtenteils nicht in Zellkultur züchten lassen und von denen viele noch nicht einmal charakterisiert sind. Ein Zellkultur-Ergebnis kann deshalb zwar wichtige

Aussagen über einzelne Zellen liefern, sagt aber wenig darüber aus, ob sich die Resultate auf die zahlreichen anderen Zelltypen anwenden lassen.

Noch schwieriger wird es, wenn man sich Fragestellungen widmet, die das Zusammenspiel verschiedener Organe voraussetzen. Dazu zählt etwa das Funktionieren des Immunsystems. Damit es entstehen kann, müssen Thymus, Lymphknoten, Knochenmark, Milz, Mandeln, ein vollständiger Blutkreislauf und vieles mehr zusammenspielen. Außerhalb eines vollständigen Organismus wie der Maus lässt sich etwas, das einem Immunsystem nahekommt, deshalb momentan leider nicht untersuchen. Und medizinische Forschung zu betreiben, ohne dabei das Immunsystem zu berücksichtigen, ist schwer vorstellbar. Aus diesem Grund wäre es ohne die Hilfe der Maus in den letzten Jahren unmöglich gewesen, neue Immuntherapien gegen Krebs zu entwickeln. Sie lassen das Immunsystem effektiver gegen Tumorzellen vorgehen und zählen momentan zu den vielversprechendsten Therapien gegen manche Formen von Krebs. Andere Erkrankungen wie Blindheit oder hoher Blutdruck lassen sich grundsätzlich nicht in Zellkulturen untersuchen. Und HIV wäre ohne Tierversuche vielleicht bis heute ein Todesurteil, da die Krankheit das Immunsystem befällt und sich außerhalb eines Organismus deshalb kaum untersuchen lässt.

Trotzdem beginnt Forschung meistens nicht bei der Maus oder einem anderen Versuchstier. Ein nachlässiger Wissenschaftler kann nicht sagen: »Ich mache einmal Sachen an der Maus, nur das ist echte Forschung, das weiß ich aus dem Fernsehen, irgendwas wird schon gelingen. Und wenn nicht, dann hat es wenigstens wie echte Forschung ausgesehen.« Der Tierversuch steht meist erst am Ende einer langen Serie von Experimenten, die an Zellkulturen, in Reagenzgläsern oder mithilfe von Computersimulationen durchgeführt wurden. Die Maus ist dabei oft der letzte Zwischenschritt, bevor man sich an Menschen wagt. Und das ist auch die große Hürde, an der viele Versuchsreihen scheitern. Tatsächlich bestehen bis zu 95 Prozent aller Medikamente, die im Tierversuch vielversprechend ausgesehen haben, nicht die klinischen Studien am Menschen. Da kommt diese Zahl her. Und wenn man sie isoliert betrachtet, dann stimmt sie auch.

Aber warum schaffen es so viele Medikamente nicht durch die klinischen Studien? Einer der Gründe dafür ist, dass man in der Medizin ungeheure Qualitätsstandards gesetzt hat, die sehr schwer zu erreichen sind. Ein weiterer ist aber auch, dass wir tatsächlich anders sind als Mäuse. Trotzdem ist der Unterschied zwischen Maus und Mensch bei Weitem geringer als der zwischen Mensch und Zellkultur. Es wirkt auf den zweiten Blick nicht so dramatisch, wenn es nur 5 Prozent aller Medikamente von der Maus in den Menschen schaffen, denn das ist sehr viel im Vergleich dazu, dass so gut wie jedes Medikament am Menschen scheitern würde, das nur in der Zellkultur vielversprechend ausgesehen hat.

Ein Medikament, das nie Kontakt zu einem Organismus hatte, direkt am Menschen zu testen, hätte so gut wie keine Aussicht auf Erfolg. Dafür stünden die Chancen gut, dass die Testpersonen länger etwas davon haben, nämlich in Form von bleibenden Schäden. Es lassen sich also tatsächlich sehr viele Erkenntnisse aus Tierversuchen nicht auf den Menschen übertragen, nur weiß man vorher nicht welche. Und gleichzeitig war für einen Großteil aller Therapien, die heute Menschenleben retten, der Tierversuch in irgendeiner Entwicklungsphase unverzichtbar. Deshalb ist das Argument, dass, wenn wir schon vor fünfzig Jahren begonnen hätten, auf Tierversuche zu verzichten und das Geld anders zu investieren, wir sie heute nicht mehr bräuchten, leider irreführend. Denn nur weil wir in den letzten fünfzig Jahren anhand von Tierversuchen so viel über Organismen gelernt haben, sind wir heute in der Lage, Alternativmethoden zu entwickeln. Zurzeit gäbe es in der medizinischen Forschung ohne Tierversuche in vielen Bereichen kaum Fortschritte. Aber es wird natürlich daran gearbeitet, das zu ändern. Auch wenn sich das viele Menschen nicht so vorstellen, Forscherinnen und Forscher in weißen Labormänteln sind in der Regel empathische Lebewesen, die nicht deshalb Wissenschaft treiben, damit sie ungestraft kleine Nagetiere töten können, sondern um Dinge herauszufinden, die man noch nicht versteht, und Fortschritte zu erzielen, die dann bestenfalls allen dienen. Vielen fällt das Experimentieren mit Tieren im Rahmen ihrer Arbeit ausgesprochen schwer, manche geben deshalb sogar auf. In Österreich und vielen anderen Ländern werden jährlich Förderpreise zur Entwicklung von Alternativen zu Tierversuchen vergeben. Etwa wird an einem »Human on a Chip« gearbeitet. Dabei fließt ein künstliches Blutsystem über Zellen verschiedener Organe, wodurch die vereinfachte Version eines Organsystems nachgestellt werden soll. Das ist zwar immer noch weit weg von einem vollständigen Organismus mit Immunsystem und zahllosen Zelltypen etc., aber ein Schritt in die richtige Richtung.

Bis Forschung auf Tierversuche gänzlich verzichten kann, was wünschenswert wäre, wird es sicherlich noch eine Zeit lang dauern, aber die Zahl der Alternativmethoden, mit der sich einzelne, spezifische Fragestellungen beantworten lassen, wächst. Und darüber freut sich tatsächlich niemand mehr als die Menschen, die für ihre Forschung auf Tierversuche angewiesen sind. ✓

»Warum stinkt Bierschiss so ekelhaft?«

Kurze Antwort:

$-\rightarrow$ Das sehen nicht alle so. ✓

Lange Antwort:

$-\rightarrow$ Bier gilt als beliebtester Trinkalkohol weltweit. Es gibt Überlieferungen aus dem 3. Jahrtausend vor Christus, dass bereits damals in Mesopotamien mindestens zwanzig verschiedene Biersorten gebraut worden sind, die sich nicht nur im Geschmack, sondern auch in der Farbe und dem Alkoholgehalt voneinander unterschieden. Ob die Menschen allerdings auch damals schon Markenvorlieben entwickelt haben, die, wie heute bei uns, einer Blindverkostung in der Regel nicht standhalten, sondern nur dazu da sind, den Small Talk mit vermeintlichem Fachwissen zu befeuern, ist nicht bekannt. Die gesellschaftliche und kulturelle Relevanz von Bier in der menschlichen Entwicklung steht somit außer Zweifel. Wobei es unterschiedliche Theorien gibt, wann der Mensch das vermutlich wichtigste Getränk seiner Geschichte entdeckt hat. Denn Bier dient nicht nur dem Rausch, sondern die Behandlung von Getreide hat auch zur Herstellung von Brot geführt. Oder umgekehrt, das Brotbacken hat als Nebeneffekt die Bierbrauerei aufkommen lassen. Darüber wird noch gestritten.

Seit Jahrtausenden wird es jedenfalls mit Begeisterung gebraut und getrunken, obwohl man lange gar nicht wusste, wieso das gelingt. Also trinken schon, das war kein Rätsel, das können Menschen schon sehr lange sehr gut, aber warum aus einer Mischung aus Getreidebrei und Wasser und Gewürzen schließlich Bier wurde, konnten wir Menschen uns lange nicht erklären. Denn Hefe, wie wir sie kennen, wurde erst durch die Erfindung des Mikroskops, Ende des 17. Jahrhunderts, als Lebewesen entdeckt. Bis dahin wusste man zwar, dass man etwas von dem Schaum, der bei der Gärung entsteht, aufheben und beim nächsten Mal ins Bier tun muss, damit man wieder Bier bekommt. Oder man musste in einer Brauerei mit aus heutiger Sicht fraglichen hygienischen Standards einfach so lange warten, bis der Brauvorgang von selbst einsetzte. Heute weiß man, dass das durch Wildhefen passiert ist, die sich auf Früchten und Insekten befinden, aber sogar bis ins 19. Jahrhundert war dieser Mechanismus ungeklärt. Das hat der Beliebtheit des Gerstenge-tränks aber natürlich keinen Abbruch getan. Im Gegenteil. In Öster-reich wird sogar der Nationalfeiertag im Namen des Alkohols gefei-ert. Offiziell gilt heute zwar die Verpflichtung zur immerwährenden Neutralität im Jahre 1955 als Grund für die öffentlichen Feierlich-keiten am 26. Oktober jeden Jahres, aber das ist, wie so vieles in Ös-terreich, gelogen. Bis zum Jahr 1965 hieß der Nationalfeiertag viel ehrlicher und österreichischer »Tag der Fahne«. Es gibt Menschen, die loben Bier als himmlischen Nektar, der so schmecke, als würde einem ein Engel auf die Zunge weinen. Andere wenden ein, Bier mache lediglich dick und sorge ab und zu für abenteuerlich aroma-tischen Bierschiss. Wer hat recht?

Vermutlich beide. Aber was kann Bier, dass es für das von ihm mitproduzierte Stoffwechselprodukt sogar einen eigenen, überre-gional bekannten Begriff gibt? Es gibt keinen typischen Wodka-schiss, keinen Campari-Orange-Schiss oder den nach übermäßigem Whiskeykonsum. Warum braucht Bier da eine Extrawurst? Farblich wirkt Bierschiss oft sogar ansprechend vom Beige ins Fuchsrot fast peinture-artig übergehend, die Konsistenz besticht durch die Anmu-tung von Souffléhaftigkeit, aber der Geruch bereitet keine Freude. Nicht einmal den glücklichen Eltern. Eigene Blähungen findet man in der Regel okay, manchmal sogar richtig würzig, aber bei Bierschiss stellt sich Vergnügen nur dann ein, wenn man weiß, gleich nach einem muss noch wer anderer auf die Toilette. Warum ist das so? Zuerst muss man sagen, dass die Konsistenz variieren kann. Je nachdem, mit welchen Nahrungsmitteln Bier ergänzt aufgenommen wird, wird sich ein festeres oder fluffigeres Endprodukt in der Keramikschüssel wiederfinden. Darüber hinaus benötigt man für einen Bierschiss, der seinen Namen auch verdient, nennenswerte Mengen Bier, die in den Körper hineinverfügt worden sein müssen. Ein Pfiff oder ein Fluchtachterl oder ein Schnitt reichen nicht, um peristaltisch zu überzeugen. Damit kann man vielleicht in einem Aufzug kurz punkten, aber keine nachhaltige Wirkung erzielen.

Bier besteht zu einem großen Teil aus Wasser, das übernehmen die Nieren und scheiden es aus, u. a. deshalb muss man oft aufs Klo, wenn man viel Bier trinkt. Aber neben vielen Gewürzen wie Hopfen, Proteinen, Vitaminen, Mengenelementen wie etwa Kalium, Calcium oder Magnesium und Spurenelementen wie Zink, Eisen oder Mangan, setzt sich Bier auch ungefähr zu 3–4 Prozent aus Kohlehydraten zusammen, ein Teil davon sind sehr schlecht verdauliche. Denen gilt hier unser Interesse. Kohlehydrate, also Stärke, sind langkettige Zuckermoleküle. Sie werden in der Regel im Dünndarm aufgespalten, um sie für den Körper nutzbar zu machen. Sind sie jedoch schwer verdaulich, werden sie vom Dünndarm wie eine Reisegruppe in einer übermäßig besuchten Sehenswürdigkeit komplett in den Dickdarm weitergeschoben, ohne zuvor aufgespalten worden zu sein. Aus den Zotten, aus dem Sinn.

Der Dickdarm ist darüber aber nicht verzagt, denn er hat spezielle Untermieter. Ein Teil der Bakterien, die ihn besiedeln, packt beherzt an und richtet sich diese schwer verdaulichen Kohlehydrate her, wie er es braucht. Das ist einerseits gut, denn es wäre unschlau vom Darm, Nährstoffe einfach durch den Enddarm hinauszueskortieren, ohne sie möglichst maximal ausgebeutet zu haben, andererseits wollen diese Bakterien in ihrem Tun nicht unbemerkt bleiben. Sie bieten der Stärke zwar eine neue Heimat, aber um den Preis starker Blähgasbildung mit speziellem Aroma. Werden gleichzeitig auch noch Käse, Fisch, Eier oder Fleisch als Beilage konsumiert, kommt zusätzlich die Aminosäure Tryptophan ins Spiel, die in Proteinen tierischen Ursprungs zu finden ist. Der bakterielle Abbau von Tryptophan führt zur Bildung von Skatol und Indol, beide Verursacher des typischen Kotgeruchs und erheblicher Flatulenzen. Fleischfressende Tiere weisen durch ihr erhöhtes Angebot an Tryptophan in ihrer Nahrung auch hohe Mengen an Skatol und Indol auf, die über den Blutkreislauf auch in Muskel- und Fettgewebe abgegeben werden können, wie etwa bei Schweinen, weshalb das Fleisch manchmal etwas strenger riechen kann bei der Zubereitung. Hat man alles beieinander und hält sich genau an die Rezeptur, dann steht somit einer erfolgreichen Bierschissgrundsteinlegung am Morgen nach einer durchzechten Nacht nichts mehr im Wege.

Wer sich jetzt mit Grausen abwendet und den Tag verflucht, an dem der Mensch die Verwendung der Hefe begriffen hat, sollte kurz innehalten. Ja, es stinkt. Das ist unbestritten. Aber übersehen wir bitte nicht die Herkulestat dieser kleinen Helfer. Ein ganzer Mensch ist nicht in der Lage, eine geringe Menge an schwer verdaulichen Kohlehydraten zu bezwingen, aber winzige Mikroben schaffen das mit links. Und helfen dabei noch, eine wunderschöne Burg zu bauen mit Zinnen. So zumindest stellt sich die Sache aus Sicht der Mikrobiologie dar. Mag sein, dass auch dort der Geruch nicht besonders geschätzt wird, und vielleicht knien auch Mikrobiologen nicht zur Anbetung vor der Muschel nieder, anstatt die Spülung zu betätigen, aber architektonisch und von der Wertschöpfung kann ein Bierschiss als metabolisches Wunderwerk gelten, quasi als Taj Mahal der Mikrobiologie. ✓

»Was sind eigentlich Phantomschmerzen?«

Kurze Antwort:

--→ Weiß man nicht ganz genau. ✓

Lange Antwort:

--→ Der Begriff Phantomschmerzen geistert, wenn das Wortspiel gestattet ist, schon seit geraumer Zeit in der Gesellschaft herum und beschreibt Schmerzen, die auftreten können, wenn etwa ein Teil einer Extremität vom Körper abgetrennt wurde, sei es durch Amputation, sei es durch einen Unfall.

Das ist aber nicht sehr präzise. Zum einen empfinden nicht alle Menschen mit fehlenden Gliedmaßen Phantomschmerzen, sondern nur ungefähr 50–80 Prozent, zum anderen kann Phantomschmerz, englisch *phantom limb pain*, auch ein Kribbeln bedeuten oder ein Jucken oder das Gefühl, dass etwa die Hand eingeschlafen sei, gequetscht würde oder »falsch« liege. Die Bezeichnung Phantomempfindung trifft es daher genauer. Manche Menschen haben auch das Gefühl, eine fehlende Hand würde mitgestikulieren, wenn sie sprechen, und sie können tatsächlich Schmerzen empfinden, wenn ihnen etwas aus der Phantomhand entrissen wird, wofür sie natürlich zuvor davon ausgegangen sein müssen, in selbiger auch etwas zu halten.

Wie kommt das? Die Antwort lautet wie so oft: Man weiß es nicht wirklich. Wer damit zufrieden ist, kann die Schulhefte ins Pult räumen und in den Hof spielen gehen. Für alle anderen werden nun die Erklärungskonzepte präsentiert, die am plausibelsten sind.

Nach einer Amputation ist zwar der Körperteil weg, aber die Steuerungseinheiten im Gehirn sind noch vorhanden. Unser Gehirn braucht lange, um zu lernen, dass etwa die Hand nicht mehr da ist. Das klingt, als ob es sich blöder stellen würde, als es ist, denn wenn die Sehkraft unversehrt ist, sollte man doch auf den ersten Blick das Fehlen der Gliedmaße erkennen und einordnen können. Aber unser Gehirn ist so programmiert, dass es sehr viele Sachen macht und kann, ohne dass wir darüber nachdenken müssen. Das hat hauptsächlich Vorteile, aber eben nicht nur. Wir blinzeln deshalb regelmäßig, um die Pupillen anzufeuchten, atmen durchgehend, ohne regelmäßig Fortbildungsmaßnahmen dafür besuchen zu müssen, und wenn wir in der Nacht Harndrang verspüren, wachen wir auf und verzichten auf das zumindest für gesunde Erwachsene spektakuläre Erlebnis, ins Bett zu machen. So können wir zwar am nächsten Tag kein Bild davon auf Instagram posten und als geübte Likehuren die Zustimmung abernten, brauchen aber auch nicht die Bettwäsche zu wechseln und zu warten, bis der markante Duft nach Ammoniak seinen Weg aus der Matratze durchs geöffnete Fenster gefunden hat.

Im Falle einer Amputation bedeutet das, dass die Gehirnregionen noch da sind, mit der wir die Hand wahrnehmen, und auch die Nerven, die in die Hand führen, sind einfach nur abgeschnitten, aber nicht stillgelegt. Ein bisschen so, wie wenn ein Fernseher kaputt und entsorgt ist, aber die Fernbedienung liegt noch am Sofa. Wenn Sie sie gedankenlos in die Hand nehmen und mit der Routine zahllos durchzappter Nächte die Tasten drücken, deren Platz Sie blind finden, so haben Sie auch noch eine Zeit lang das Gefühl, es müsste was passieren, und finden verschiedene Funktionen, auch ohne hinzusehen. Wenn die Vernebelung des Geistes durch legal erwerbbare Betäubungsmittel zu fortgeschrittener Stunde schon Erfolge verbuchen kann, wechseln Sie vielleicht sogar ärgerlich die Batterien der Remote Control, bevor Sie den Irrtum bemerken und zufrieden eine Top-Anekdote ins Schatzkästlein Ihrer Small-Talk-Menagerie parken. Damit endet die Analogie allerdings auch schon wieder. Denn

die alte Fernbedienung können Sie leicht entsorgen und mit der neu-
en nächtens gut gelaunt stundenlang zwischen Bull Riding, Storage
Wars und Dokus über die größten Baufahrzeuge der Welt hin- und
herschalten. Die Senderbelegung in Ihrem Gehirn zu erneuern ist
komplizierter.

Lange Zeit ist man davon ausgegangen, dass Phantomschmerzen
dadurch entstehen, dass die durchtrennten Nervenenden immer
wieder Signale senden, weil sie den Verlust des Körperteils nicht an-
erkennen oder nicht einordnen können. So wie man jahrelang noch
Newsletter vom Hersteller von Scherzartikeln bekommt, obwohl
man nur ein einziges Mal und wirklich nur zum Spaß einen Bieröffner
in Hodenform bestellt hat.

Auch Entzündungen dieser Nervenenden sollten verantwortlich
sein für die Schmerzen aus der abgetrennten Extremität. Das klingt
zwar nicht unplausibel, dürfte aber wohl nicht stimmen. Zumindest
brachten Versuche, die entzündeten Nervenenden zu befrieden, indem man den vermeintlich betroffenen Bereich durch eine weitere
Operation entfernte, nicht den gewünschten Erfolg. Im Gegenteil.
Nicht nur verschwanden die Schmerzen nicht, sondern schlimms-
tenfalls kamen durch die neue Schnittstelle weitere, mitunter sogar
andersartige dazu.

Hatte es erst vielleicht nur gekribbelt, war es nach dem Eingriff
auch noch schmerzhaft. Was auf der Schnäppchenjagd Heerscharen
von Einkaufslustigen auf Trab hält, nämlich das Versprechen, beim
Kauf eines Artikels noch einen zweiten dazuzubekommen, macht
Phantomschmerzpatientinnen und -patienten nur sehr selten froh.
Deshalb gibt es auf diesem Gebiet auch keine Rabattmarken. Heute
geht man davon aus, dass Phantomempfindungen ihren Ursprung
in der Plastizität des Gehirns haben. Das klingt zuerst auch einmal
toll, aber kommt man damit dem Geheimnis eher auf die Spur? Wir
nehmen unseren Körper selber über sogenannte Propriorezeptoren

wahr. Die sagen uns, wie wir stehen oder liegen, welche Muskeln wie gespannt oder gedreht sind oder etwa ob uns gerade jemand am Fußgelenk gepackt und kopfüber beim Fenster rausgehängt hat.

Sie sind verantwortlich für einen Mechanismus aus Ein- und Ausschaltern. Wenn diese Rezeptoren Signale ins Gehirn schicken, werden diese in den entsprechenden Regionen verarbeitet. So wissen wir, ohne hinzusehen, dass wir gerade etwas mit der linken Hand berühren. Oder uns jemand über die Wange streichelt oder der Pickel, der aktuell beim Sitzen Schmerzen verursacht, am Gluteus maximus das Licht der Welt erblickt hat. Diese Regionen liegen manchmal so nebeneinander, wie die entsprechenden Körperteile es nahelegen, also die Region für die Hand liegt neben der des Arms. Manchmal finden sich aber zwei Regionen in unmittelbarer Nachbarschaft im Gehirn, deren Entsprechungen im Körper weit auseinanderliegen. So liegt etwa die Region der Hand auch neben der des Gesichts. Wenn eine Hand etwas berührt, dann wird das von der entsprechenden Region auch so wahrgenommen. Diese Region verschwindet aber nicht, wenn die Hand verschwindet, und kann deshalb von benachbarten Regionen gekapert werden. Das kann dazu führen, dass ein Streicheln über die Wange zu nervösen Sensationen in einer nicht mehr existierenden Hand führt. Das heißt, in der Gehirnregion, die ursprünglich für die Hand zuständig war, kommt es möglicherweise zu einem Konflikt, weil andere Regionen dieses Areal mitverwenden wollen, nachdem der eigentliche Besitzer verzogen ist. Wie in einer Siedlung, wenn ein Grundstück unbebaut bleibt und die Anwohner irgendwann beginnen, es mitzubenützen als Gästeparkplatz, ihre Hunde reinkacken lassen oder jedes Jahr das Osterfeuer dort entzünden. Und dieser Konflikt kann dann als Schmerz empfunden werden.

Die schlechte Nachricht ist natürlich in erster Linie, dass diese Hand für immer weg ist. Die in diesem Rahmen gute lautet, dass man die eventuell auftretenden Schmerzen aufgrund der Gehirn-plastizität mindern kann. Durch sogenanntes »Remapping« ist es möglich, die Gehirnregionen, die für den amputierten Körperteil zuständig waren, auf andere Körperregionen umzuprogrammieren.

So kann man zwar Phantomschmerzen nicht gänzlich beseitigen, aber oft deutlich mildern, sodass viel weniger Schmerzmittel als Therapie genommen werden müssen. Wie schaut dieses Remapping in der Praxis aus? Eine sehr einfache und effektive Methode besteht im Einsatz einer Spiegelbox. Mit ihr können wir unser Gehirn über-listen, obwohl wir gleichzeitig wissen, dass wir das machen.

Der Aufbau einer Spiegelbox ist denkbar simpel: In einer oben offenen Schachtel sind auf der Frontseite zwei Auslassungen, um die Hände hineinzulegen. In der Mitte befindet sich ein Spiegel, der so ausgerichtet ist, dass die Probanden den Eindruck bekommen können, die rechte Hand sei gleichzeitig auch die linke. Während die linke Hand, oder der Bereich, wo einmal die linke Hand war, im anderen Teil der Schachtel verschwindet, sodass unser Gehirn ihn ausblendet. Wenn man nun die rechte Hand streichelt, so kann es vorkommen, dass man das Streicheln auch in der linken spürt, wenn sich der Blick aufs Spiegelbild konzentriert. Bei Testreihen kann man sich den Spaß machen, mit dem Hammer auf die eine Hand zu zielen und zu beobachten, wie die Probanden die andere ruckartig wegziehen und in Sicherheit bringen. Was im Experiment gleichzei-tig unterhaltsam und erstaunlich ist, kann man sich in der Therapie zunutze machen. Haben Patientinnen oder Patienten das Gefühl, eine fehlende Hand sollte bequemer hingelegt werden, um eine un-angenehme Empfindung loszuwerden, kann man das mit der ge-spiegelten Hand versuchen und dem Gehirn so vorgaukeln, dass es die Hand noch gebe. Auch in der Rehabilitation von nach Schlagan-fällen gelähmten Extremitäten werden mit der Spiegelbox gute Er-folge erzielt. Beseitigen kann man Phantomempfindungen damit nicht, aber lindern. Auch wenn noch nicht ganz verstanden ist, wie diese Empfindungen entstehen. Übrigens können nicht nur fehlende Gliedmaßen Phantomempfindungen auslösen, sondern auch Ex-Augen, -Zähne und -Brüste. Und es gibt sogar Phantomerektionen. Wenn der Penis seinen angestammten Platz verlassen hat. Das kommt weniger selten vor, als man denkt, zumindest in manchen Regionen. In den 1970er Jahren gab es in Thailand etwas, was man angesichts der Seltenheit des Vorkommnisses weltweit wohl als eine Penisamputationsepidemie bezeichnen muss. In achtzehn dokumentierten Fällen konnten mit dem Messer abgetrennte Penisse wieder fachgerecht an die dazugehörigen Männer angenäht werden. Warum hatten sie sich von dort entfernt? Eifersüchtige Ehefrauen hatten ihren Männern im Schlaf die Fortpflanzungswerkzeuge abgeschnitten. Klingt unangenehm, ist es sicher auch, aber die achtzehn operierten Männer hatten noch Glück im Unglück. Denn per Definition kann ein Penis nur dann wieder appliziert werden, wenn er in den OP mitgebracht wird. Leider haben in manchen Fällen die Frauen nach getaner Tat das herrenlose Glied im Zorn aus dem Fenster geworfen. Wo es mitunter zwischen Schweinen, Enten und Hühnern gelandet ist. Das Interesse von Hühnern an menschlichen Penissen ist eher gering, aber von Enten wird das unbegleitete Geschlechtsorgan mitunter entweder teilweise oder sogar zur Gänze vertilgt. Und dann kann auch ein Chirurg nichts mehr retten.

Warum aber schlagen sich Enten den Bauch mit Penissen voll, wenn sich die Gelegenheit bietet? Weil es im Kinderlied heißt, »Schwänzchen in die Höh'«, und eh das schnatternde Federvieh sich's versieht, ist der Schlingel schon die Gurgel hinuntergerutscht? Eher nein. Angeblich erinnert das längliche Organ im schlaffen Zustand an Nacktschnecken. Bei Menschen ist zumindest diese Verwechslungsgefahr nicht gegeben, Männer müssen beim Verlassen der Dusche in der Regel nicht befürchten, dass vor der Kabine ihre

Frau mit Schneckenkorn in der Hand wartet. Zurück zu den Phantomerektionen. Im Gegensatz zu Phantomschmerzen können die als eher willkommen gelten. Aber wie stellt man sie her? Stellt man sich dabei zu zweit nebeneinander vor einen Spiegel und gaukelt seinem Hirn einen existierenden Penis vor, indem man den des Nachbarn streichelt? Das kann man natürlich gern machen, und es kann schön für beide sein, aber das Gehirn wird dabei stets Mein von Dein trennen können. Auch wenn es sehr dunkel ist im Raum. In solchen Fällen wendet man eine avanciertere Technik an, als es bei der Spiegelbox der Fall ist. Was in der Welt der Computerspiele für fantastische Rundumerlebnisse sorgt, kann nämlich unter Umständen auch bei amputierten Penissen helfen: Man setzt dem Patienten eine Virtual-Reality-Brille auf, die dem Gehirn eine dreidimensionale Welt vorstellt. Und dabei ist es möglich, auch einen funktionstüchtigen Penis ins Erlebnis einzubauen, den das Gehirn in seiner Gefühlswelt akzeptiert. Noch stecken die Versuche in den Kinderschuhen, und es ist noch viel Forschung nötig, um Menschen damit verlässlich zu helfen, nicht nur bei Erektionen, sondern auch bei Phantomempfinden an anderen Körperstellen. Was aber jetzt schon mit Bestimmtheit ausgeschlossen werden kann, ist, dass im Falle von Phantomerektionen Phantombilder als Vorlage beim Masturbieren gute Dienste leisten könnten. ✓

»Können Drachen Feuer speien?«

Kurze Antwort:

--→ Am Arsch, Du Opfa. ✓

Lange Antwort:

--→ In vielen Märchen und Fantasygeschichten, wie der seit Anfang des 21. Jahrhunderts erfolgreichen Saga rund um das *Game of Thrones*, der aktuell beliebtesten TV-Serie der Welt, spielen Feuer speiende Drachen eine tragende Rolle. Auch in der Bibel, die eigentlich beiden genannten Genres zugeordnet werden kann, wird dem brandgefährlichen Schuppentier die Stirn geboten. In der Mythologie haben die unterschiedlichsten Kulturen unabhängig voneinander die Idee von Drachen hervorgebracht.

Aber kann es solche Tiere überhaupt geben, von denen man bislang in freier Wildbahn nicht die geringste Spur gefunden hat? Eine mögliche Erklärung führt über einen Fusionsvorgang, indem man drei Tiere zusammendenkt. Wir Menschen zählen ja nach wie vor zu den Primaten, genauer gesagt zu der Unterordnung der Trockennasenprimaten. Würde man alle Titel auf eine Visitenkarte schreiben, müsste Trockennasenprimat auch angeführt werden. Falls Sie das ablehnen, aber auf Vollständigkeit Wert legen, ginge auch Haarnasenaffe. Gern geschehen.

Als Trockennasenprimaten haben wir traditionell einige unangenehme Gegner in der Natur, die von uns als Fressfeinde bezeichnet werden. Die waren früher deutlich bedrohlicher als heute, aber ganz verschwunden ist die Gefahr auch im 21. Jahrhundert nicht. Es handelt sich dabei um große Greifvögel wie Adler, fleischfressende

Raubtiere wie Löwen und Schlangen. Auf Altgriechisch wurden ungiftige Schlangen *drakon* genannt, was den Drachen ihren Namen gab. Diese gelten evolutionär als unsere Erzfeinde. Würden wir ihnen in einem Fußballlokalderby gegenüberstehen, wären Schmähungen wie »Hey, hey, wer nicht hüpft, der ist ein Löwe!« oder »Zieht der Schlange das Schuppenleder aus!« oder aber »Adler von Wien, Scheiße von Wien« das Mindeste an Schlachtgesängen.

Wie würde ein Tier, das eine Kombination dieser drei Tiere ist, aussehen? Der Zeugungsakt selber wäre wahrscheinlich ziemlich unchristlich. In der Genetik nimmt man deshalb einen anderen Weg und erschafft das, was man Chimäre nennt und äußerlich einem Drachen zum Verwechseln ähnlich sähe. Drachen vereinen in der Regel die auffälligsten Merkmale dieser großen Jäger. Ein typischer Drache hat deshalb meistens eine schuppige Haut wie eine Schlange, mächtige Flügel wie ein Greifvogel und einen Kopf, der an ein fleischfressendes Säugetier erinnert. Drachen verkörpern die ultimativen Monster, sie vereinen die Eigenschaften der Lebewesen, die uns seit Jahrmillionen nach dem Leben trachten und vor denen wir uns in unseren Geschichten und Träumen ängstigen. Allerdings nicht in allen Kulturen gelten sie als böse. In Ostasien etwa gehen sie als Fruchtbarkeitssymbole durch und bringen Glück. In der sogenannten abendländischen Tradition müssen Drachen aber in der Regel filetiert werden, in der Heiligen Schrift hat dabei der Erzengel Michael Dienst. Im Rahmen der Offenbarung des Johannes stehen einander ein Drache und Herr Michael in vollem Harnisch gegenüber, der von seiner Gang unterstützt wird. Der Drache ist in dem Fall der Teufel bzw. der Engel Luzifer, der sich nicht mehr an seine Job Description halten wollte und deshalb später Satan wurde. Oder er hält sich doch daran, weil es ja keine Zufälle in der Schöpfung gibt und er gar nicht anders kann, als so zu handeln, wie er es tut. Das hängt ein bisschen davon ab, welcher Auslegung Sie anhängen, wenn

Sie unbedingt an Götter und Engel glauben wollen, deren Säuge-
tierstatus in Frage 11 überprüft wird. Erstaunlich ist die Kriegsad-
justierung des Drachen laut Offenbarung 12,3: »Ein anderes Zeichen
erschien am Himmel: ein Drache, groß und feuerrot, mit sieben
Köpfen und zehn Hörnern und mit sieben Diademen auf seinen
Köpfen.« Das klingt eigentlich ein wenig nach hypertrophiertem
Kinderfasching. Drogon geht als Lillifee.

Davon sollte man sich aber nicht täuschen lassen, wenn man sich
einmal einem Drachen gegenübersieht, der eigentlich ein Engel mit
B vorne ist, um eine beliebte Redensart aus dem späten 20. Jahrhundert zu exhumieren. Die Homies vom Erzengel Michael, also
seine Clique aus Sub-Engeln, unterliegen gegen den Drachen nämlich hochkant, ehe der Erzengel sich schließlich nach Punkten
durchsetzen kann. Schneller zum Strike kommt Jahrhunderte, wenn
nicht Äonen später sein Nachfolger im legendären Drachentöten,
der heilige Georg. Am Höhepunkt seiner Popularität während der
Kreuzzüge bezwingt er dem Vernehmen nach, um eine Königstoch-
ter vom Menü eines Drachen zu streichen, das Untier mit Hieb- und
Stichwaffen. Erstaunlicherweise heiratet er nach getaner Arbeit die
zu ewiger Dankbarkeit verpflichtete Frau aber nicht und wird glücklich mit ihr, sondern lässt sie links liegen und versucht möglichst
viele neue Kirchenmitglieder zu akquirieren, indem er ihnen zur
Taufe rät. Was auch gelingt. Das allerdings als frühe Form des Gang
Bangs in Tateinheit mit Wassersport zu interpretieren ginge sicher
zu weit, dafür ist die Quellenlage viel zu dünn.

Was auch Georgs Drache nur in Ausnahmefällen kann, wenn man
der Ikonografie folgt, ist Feuerspeien. Ginge das überhaupt, ist ein
Wirbeltier dazu in der Lage? Dazu gibt es eine gute und eine schlechte
Nachricht. Die schlechte: In der Natur findet man kein Tier mit Feuer-
atem. Die gute: Sehr viele Tiere bringen die wesentlichen Voraus-
setzungen für eine tadellose Stichflamme mit, auch wir Menschen.

Alles, was man dazu benötigt, sind Hülsenfrüchte, eine turbulente Verdauung und ein Feuerzeug. Eventuell kann ein verdunkelter Raum, in dem nicht viele Fragen gestellt werden, helfen. Je nachdem, wie sehr man sich dafür geniert, seine Flatulenzen zu entflammen, oder wie gut man die Flamme sehen möchte. Das, was wir als Flatulenz kennen, besteht nämlich, wenn auch nur zu einem sehr kleinen Teil, auch aus Methan. Bis zu 10 Prozent der als Furz bekannten Luft werden von dem leicht entzündlichen, aber geruchlosen Gas gestellt. Den Rest bestreiten Stickstoff, Kohlendioxid, Wasserstoff und Sauerstoff. Stinken muss eine Blähung deshalb eben noch lange nicht, weil nur knapp 1 Prozent von übel riechenden, flüchtigen Schwefelverbindungen gestellt wird. Zu hoffen, dass man überall furzen könne, indem man sich wie ein Eiskunstläufer bei der Pirouette im Kreis dreht, dabei den Darmwind zentrifugiert in Tateinheit mit einem gut trainierten Schließmuskel, der nur die gut 99 Prozent geruchlosen Gase freilässt, aber die stinkenden nicht, ist sicher einen Versuch wert, aber möglicherweise nicht sofort von Erfolg gekrönt.

Menschen produzieren nicht sehr viel Blähgase pro Tag, aber Kühe können es auf bis zu 500 Liter Methan täglich bringen. Das ist eine Menge. Einen kleinen Teil kredenzen sie als Blähung, den Großteil als Rülpsen. Und wenn mehrere zusammenhelfen, lässt sich damit einiges erreichen. Neunzig Rinder schafften in der deutschen Gemeinde Rasdorf eine nennenswerte Explosion, weil vermutlich durch eine elektrostatische Entladung das im Stall anwesende Methan sein Volumen schlagartig vergrößerte. Das Dach wurde beschädigt, eine Kuh erlitt Verbrennungen und die Feuerwehr und ein Gasmesstrupp mussten anrücken. Keine schlechte Geschichte für eine Lokalzeitung* und eine ausgezeichnete Selfie-Option für

---

* http://www.faz.net/aktuell/rhein-main/dach-beschaedigt-tier-verletzt-pupsende-kuehe-sorgen-fuer-stichflamme-im-stall-12771983.html

freiwillige Feuerwehrmänner. Was wäre, wenn ein Drache ein Sammelorgan entwickelt hätte, in dem er große Mengen entzündlicher Verdauungsgase sammeln könnte? Das ist denkbar, aber könnte er sie auch zünden? Auch dafür gibt es in der Natur ein Vorbild. Den Zitteraal. Er verwendet elektrische Stromschläge sowohl für die Jagd als auch zur Verteidigung und zur Orientierung in schlammigen und trüben Süßwasserseen. Die Stromschläge sind beträchtlich. Beim Zitteraal können Spannungen bis etwa 860 Volt erreicht werden. Kann ich also unter Wasser meinen Handyakku aufladen, wenn mir ein Zitteraal begegnet? Eher im Gegenteil. Taucher schildern den Elektroschock bei einer Berührung mit einem Zitteraal ähnlich dem eines starken Faustschlags. Eine solche Begegnung kann beim Taucher bis zur Bewusstlosigkeit führen, und das ist unter Wasser erfahrungsgemäß für ein Säugetier kein wünschenswerter Zustand. Wie erzeugen diese Fische so viel Spannung? Ohne viel nachzudenken. Der Zitteraal etwa trägt auf beiden Seiten der Wirbelsäule fast in der ganzen Körperlänge elektrische Organe, das sind umgewandelte Muskeln, die nicht mehr angespannt werden können. Sie bestehen aus einer großen Anzahl von Strom erzeugenden Muskelfasern, die in Stapeln übereinanderliegen. Sie sind über eine Schaltstelle an eine Nervenfaser gekoppelt und so mit einem Schrittmacherzentrum im Hirn verbunden. Diese *Elektroplax* genannte Biobatterie braucht nicht nur viel Platz, sondern macht auch die Hälfte des Zitteraal-Körpergewichts aus.

Kommt nun aus dem Schrittmacher ein elektrisches Startsignal, entsteht in jedem der dicht übereinandergestapelten und hintereinander geschalteten Elemente eine geringe Spannung. Alleine vermag diese Spannung nicht viel, aber in der Menge fühlt sie sich stark. Und ist es auch. Die geringen Einzelspannungen der 5000 bis 6000 Muskelzellen addieren sich zu einer enormen Gesamtspannung von bis zu knapp 900 Volt. Dies ist ähnlich einer Batterie, in der die Platten hintereinander geschaltet sind, wie man das aus Taschenlampen kennt. Auf diese Weise erzeugt der Zitteraal eine elektrische Leistung von etwa einem halben Kilowatt. Das ist nicht nur für kleinere Fische und Frösche tödlich, sondern dadurch können auch Menschen und andere größere Tiere betäubt werden. Wenn Sie also einen Mitmenschen betäuben, sich aber nicht die Finger schmutzig machen wollen, dann bitten Sie ihn, er möge einmal kurz den Zitteraal herüberreichen. Er brauche sich nicht zu fürchten, der Fisch habe mehr Angst als er selber, schließlich trage er seinen Namen nicht umsonst.

Ein Drache müsste also ein Sammelorgan für leicht entzündliche Blähgase in seinem Körper entwickelt haben und eine Art Elektroplax, um sie zu zünden. Auch wenn es beide Lösungen evolutionär gibt, so sind sie in Kombination noch nie aufgetreten. Das, was Feuer speiende Drachen in der TV-Serie *Game of Thrones* können, nämlich als Senkrechtstarter aus der Luft mit ihrer Stichflamme ganze Schiffsflotten im Nu in eine Feuersbrunst zu verwandeln, ist in der echten Welt noch nie beobachtet worden. Auch Sie selber müssten, wollten Sie Feuer speien, Ihre Gase erst extern zum Brennen bringen. Und es wäre bei erfolgreicher Zündung längst noch keine schwere Bewaffnung. Eine belagerte Stadt vorne übergebückt mit dem Entzünden Ihrer Blähgase zu bedrohen und auf rasche Einnahme zu hoffen, wäre vermutlich deutlich zu hoch gegriffen. ✓

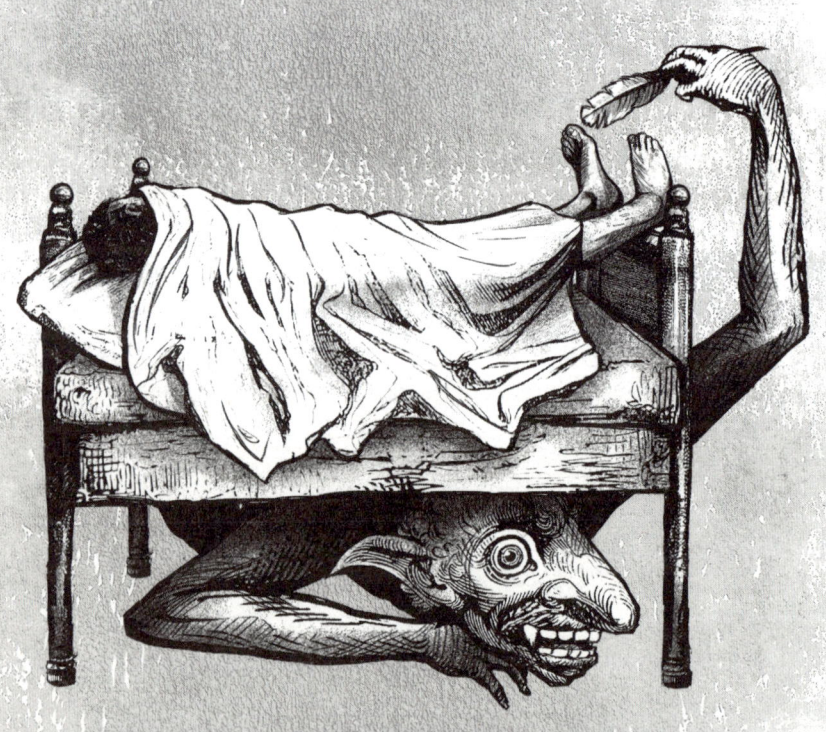

21

»Wieso zucken
wir manchmal
unmittelbar vor
dem Einschlafen?«

Kurze Antwort:
--→ Nachtflugangst. ✓

Lange Antwort:
--→ Unser Gehirn besteht aus unzähligen Zellen, die ununterbrochen elektrochemisch miteinander kommunizieren. Kurz vor dem Einschlafen drosseln sie allerdings ein bisschen das Tempo und gehen auf Standgas. Das ist der optimale Zeitpunkt, um jemanden wirklich zu erschrecken, falls Sie das gerne möchten. Die Muskeln sind entspannt, die Aufmerksamkeit, mit der wir normalerweise unsere Umgebung scannen, ist auf ein Minimum reduziert, sodass jede Unterbrechung des Einschlafprozesses zu einem Feuerwerk an Hormonen führt. Quasi Silvester in der Bauchspeicheldrüse. Wenn alles gut geht, kann man den Erschreckten bzw. die Erschreckte auslachen und selbst friedlich einschlafen, während das mit Adrenalin vollgepumpte Gegenüber die nächsten Stunden kein Auge zubringen wird. Nicht immer steht uns allerdings ein Mitmensch hilfreich zur Seite, der uns erschrecken könnte, und dann übernehmen wir das selber. Knapp vor dem Einschlafen wachen wir plötzlich ruckartig auf, weil unsere Muskeln Bonanza spielen. Aber warum?

Dazu gibt es zwei Erklärungen, eine neurophysiologische und eine evolutionsbiologische, welche möchten Sie zuerst hören? Schwere Entscheidung, ich weiß, aber keine Sorge, die beiden hängen ohnedies irgendwie zusammen. Dass wir beim Einschlafen öfter einmal zucken, wird neurophysiologisch so erklärt, dass wir Gehirnregionen haben, die während des Einschlafens miteinander in Konkurrenz stehen. Einerseits das retikuläre aktivierende System, es liegt unter der Gehirnrinde und hilft uns dabei, wach zu bleiben. Am anderen Ende des Spektrums liegt der ventrolaterale präoptische Nukleus, der unterhalb des Gehirns lokalisiert ist und den Schlaf reguliert. Diese beiden Systeme treten beim Einschlafen in Konkurrenz, denn das eine möchte noch spielen, während das andere zur Schlafenszeit mahnt. Dieser Konkurrenzkampf kann in unfreiwillige Einschlafzuckungen münden.

Wenn man einschläft, sinkt die Serotoninkonzentration im Blut, dadurch werden die großen Muskeln des Körpers stillgehalten. Das ist sehr praktisch im Schlaf, diese Erfahrung werden Sie schon oft gemacht haben. Allerdings betrifft das nur die großen, nicht die kleinen Muskeln. Die können immer noch herumtoben, und deswegen kommt es zu diesen Zuckungen der kleinen Körperregionen wie etwa rund um die Augen. So weit die physiologische Ursache. Aber wie ist dieser Mechanismus, dessen Sinnhaftigkeit sich uns heute nicht mehr erschließt, denn warum sollten wir vor dem Einschlafen noch einmal aufwachen wollen, eigentlich evolutionär entstanden? Ganz genau weiß man es nicht, weil der Herr es den Seinen zwar im Schlaf gibt, aber Atheisten müssen forschen, und da dauert es manchmal, bis es verlässliche Ergebnisse gibt. Möglicherweise kommt das Zucken daher, dass wir in der Vergangenheit Baumbewohner waren. Dann könnten diese Zuckungen eine Reaktion auf kleine Störungen in der Umgebung gewesen sein, weil der Ast sich im Wind bewegt oder weil ein größerer Vogel sich ans Ende gesetzt hat, oder vielleicht hat auch ein kleines Geräusch genügt, um unsere Aufmerksamkeit zu wecken, weil irgendetwas gefährlich sein konnte. Wenn wir die Augen zuhaben, dann sehen wir bekanntlich sehr schlecht, da ist es besser, noch einmal wach zu werden, lieber einmal zu oft als einmal zu wenig, das sich dann möglicherweise genau als das eine Mal zu wenig herausstellen könnte, das zu unserem Ausscheiden aus der Evolution führt. Außerdem berichten Menschen von Einschlafzuckungen im Zusammenhang mit Träumen vom Fallen. Wenn man schaut, wie unsere nächsten biologischen Verwandten schlafen, dann sieht man, dass die wenigsten Nester bauen, sondern die meisten weit oben direkt in Baumästen schlafen. Das ist natürlich eine riskante Angelegenheit. Wer nicht aufpasst, lernt die Schwerkraft genauer kennen.

Das hat auch eine unserer berühmtesten Vorfahrinnen am eigenen Leib erfahren müssen, die zwar vor etwa 3,2 Millionen Jahren gelebt hat, aber 1974 ihr großes Comeback feierte. Lucy, die entwicklungsgeschichtlich der Gattung Australopithecus afarensis zugeordnet wird und nach dem Beatles-Song »Lucy in the Sky with Diamonds« benannt ist, hat während ihres Lebens Knochenbrüche und Verletzungen erlitten, die höchstwahrscheinlich auf den Fall von einem Baum zurückzuführen sind. Das war damals für Lucy sicher sehr unangenehm, denn ein Gesundheitsversorgungssystem im heutigen Sinn hat es für sie nicht gegeben, das gibt es für viele Menschen ja nicht einmal in den USA der Gegenwart, hat aber auch bei uns im 21. Jahrhundert für einige Verunsicherung gesorgt. Nachdem Lucy lange Zeit als erste aufrecht gehende Hominidin oder Vorfahrin der Menschen gehandelt wurde, war diese Erkenntnis, dass sie vielleicht doch wie ein Menschenaffe im Baum gelebt haben könnte und deshalb nicht nur Menschenvorfahre, sondern noch ein Menschenaffe war, in der Anthropologie keine besonders willkommene. Mittlerweile ist man jedoch zu dem Schluss gelangt, dass Lucy höchstwahrscheinlich tagsüber am Boden gelebt hat, während sie die Nächte schlafend auf Bäumen verbrachte. Auf Bäumen zu schlafen bedeutet zwar einerseits Gefahr, weil man herunterfallen kann, gleichzeitig ist man aber vor vielen Fressfeinden geschützt. Die Schutzreaktion der Einschlafzuckungen geht daher möglicherweise darauf zurück, dass unsere Vorfahren im letzten Augenblick vorm Einschlafen besonders verletzlich waren und deshalb lieber noch einmal geschaut haben, ob die Haustüre eh versperrt ist. Einschlafzuckungen findet man aber nicht nur bei Baum-, sondern auch bei Bodenschläfern. Plötzlich aufzuwachen, wenn in der Umgebung etwas passiert, ermöglicht, noch rechtzeitig auf eine Gefahr zu reagieren. Es handelt sich bei diesen Zuckungen also höchstwahrscheinlich um ein evolutionäres Relikt, also um etwas, das im Laufe unserer Entwicklungsgeschichte einmal nützlich war und das wir immer noch in uns herumtragen. Einige Studien haben allerdings gezeigt, dass sie bei Menschen, die unter Stress stehen, häufiger auftreten. Dies könnte ein Hinweis darauf sein, dass die hier involvierten physiologischen Vorgänge auf Stress sensibel reagieren. Was auch im Licht der Evolutionstheorie sinnvoll erscheint, denn Stress ist in unserer Evolutionsgeschichte meist mit gefährlichen Lebenssituationen verbunden gewesen.

Selbst wenn Einschlafzuckungen dazu geführt haben, dass Sie dieses Buchkapitel nur deshalb gerade lesen, weil Sie nicht mehr einschlafen konnten, nachdem Sie sich selber wachgezuckt haben: Seien Sie froh, dass Sie in einem weichen Bett aufgewacht sind und nicht in einer Astgabel. Denn dann wären Sie vielleicht zwar weltberühmt, aber auch schon seit 3,2 Millionen Jahren tot. Und ich bin sicher, Sie würden nicht tauschen wollen. ✓

»Was kostet
   ein Asteroid für
den Eigenbedarf?«

Kurze Antwort:

--→ Für ein paar Euro sind Sie dabei, für 10 Quadrillionen bekommen Sie ein Prachtstück. ✓

Lange Antwort:

--→ Es gibt Menschen, die behaupten, Asteroiden seien die besten und wichtigsten Himmelskörper nicht der Welt, sondern gleich des gesamten Universums! Es handelt sich dabei natürlich um eine Minderheitenmeinung, vor allem deshalb, weil Asteroiden keinen besonders guten Ruf haben. Zwar haben sie dafür gesorgt, dass die Dinosaurier ausgestorben sind, was uns Menschen den Weg zur Weltherrschaft geebnet hat, aber dieses Einschlagen auf der Erde ist uns trotzdem suspekt, auch weil es dadurch zu erstklassigen Massensterben kommen kann. Dabei ist das bei Weitem nicht das Einzige, was Asteroiden zu bieten haben. Ja, ab und zu schlagen sie auf der Erde auf, und dann sterben manchmal viele Lebewesen aus, aber das machen sie nicht absichtlich. Zu behaupten, es wäre deshalb eigentlich lieb gemeint, ist vermutlich auch nicht ganz korrekt, aber wenn man Asteroiden genauer betrachtet, dann sind sie ziemliche Tausendsassas. Asteroiden schwirrten durch unser Sonnensystem, bevor irgendetwas anderes da war. Vor 4,5 Milliarden Jahren, noch vor den Planeten, gab es schon Asteroiden, aus ihnen ist unsere Erde genau genommen erst entstanden. Und alle anderen Planeten in unserem Sonnensystem auch. Ohne Asteroiden gäbe es kein Wasser auf der Erde, das wurde erst von Kometen und vor allem Asteroiden geliefert. Zu Beginn ihres Lebens war die Erde viel zu heiß, das meiste Wasser ist verdampft, und wenn Asteroiden es nicht ergänzt hätten, würde heute auf der Erde kein Leben existieren. Weil die Erde aus Asteroiden geformt wurde, befinden sich in ihnen auch so gut wie alle Rohstoffe, die wir auch in der Erde finden. Und in gewissem Sinne ist das Material dort sogar leichter zugänglich als hier bei uns. Das klingt kurios, weil die meisten Asteroiden sich nicht in Gehweite befinden, kommt aber so: Die Erde ist, wie alle großen Himmelskörper, ein sogenannter differenzierter Himmelskörper. Das bedeutet allerdings nicht, dass sie mathematisch bearbeitet wurde, sondern dass sie im Zuge ihrer Planetwerdung einige Metamorphosen hingelegt hat und aus diesem Grund aus verschiedenen Schichten besteht, in denen sich bestimmte Bestandteile angesammelt haben.

Ein Objekt wird umso wärmer in seinem Inneren, je größer es ist. Einerseits aufgrund des Drucks der äußeren Schichten, die auf das Zentrum drücken und so die Temperatur erhöhen. Andererseits steigt mit der Masse auch die Menge an radioaktiven Elementen. Mit ihrer Zerfallswärme treiben sie die Temperatur in die Höhe. Das hat Konsequenzen. Irgendwann wird der Himmelskörper so heiß, dass er quasi aufschmilzt. Die schweren Elemente wie Eisen und andere Metalle sinken in den Kern, das leichtere Gestein bleibt oben und bildet eine Kruste um diesen metallischen Kern. Genau das ist auch der Erde passiert, und deshalb gibt es in der Erdkruste heute nur noch vergleichsweise wenig Metalle. Wenn wir Menschen Bergbau betreiben, dann schürfen wir nur nach einem winzigen Teil dessen, was die Erde an Metallen zu bieten hat. Es gäbe zwar genug, der gesamte Kern der Erde besteht immerhin aus einer gigantischen Kugel aus Eisen und Nickel, die im Durchmesser fast 2500 Kilometer misst, ist aber leider alles im Zentrum gebunkert. Und das ist nicht nur schwer zu erreichen, weil zwischen Oberfläche und Kern echt viel Erde liegt, sondern weil einmal hin bedeuten würde, mehr als 5000 Kilometer zurückzulegen. So lang ist kein Bohrer der Welt, und selbst wenn wir dorthin eine Pipeline legen wollten, könnten wir es nicht, weil wir kein Material kennen, das Temperaturen von rund 5000 °C dauerhaft standhalten würde.

Bei Asteroiden verhält sich das anders. Sie bestehen zwar im Prinzip aus denselben Materialien wie die Erde, sind aber klein genug, um noch nicht differenziert zu sein. Das bedeutet, dass man alle Bestandteile überall finden kann, außen wie innen. Man müsste dort also nicht mühsam in der Erde buddeln und nach Lagerstätten suchen, sondern könnte das Material sozusagen einfach von der Oberfläche kratzen, direkt weiterverarbeiten und in seine verschiedenen Rohstoffanteile aufspalten. Die geringe und eigentlich fast nicht vorhandene Schwerkraft auf kleinen Asteroiden würde diesen Prozess theoretisch noch erleichtern, denn dort gibt es – und zwar häufig sogar in Form von Schutthaufen, die man einfach zusammenkehren müsste – Gold und Silber, Eisen, Aluminium, Titan und Mangan sowie Palladium, Rhenium, Osmium und all die anderen sogenannten seltenen Erden, also die Metalle, die hier bei uns schwer zu finden, aber trotzdem so wichtig für unsere moderne Welt sind. Der Wert von Asteroiden kann enorme Summen betragen. Als die NASA im Januar 2017 bekannt gab, dass sie eine Mission zum Asteroiden Psyche plant, war die einschlägige Aufregung erheblich. In der Mythologie steht der Name für die Frau des Liebesgottes Amor, die als unfassbar schön und begehrenswert galt. Das verhält sich auch beim Asteroiden selben Namens nicht anders und wurde verständlich, wenn man auch in seriösen Medien las, dass der Asteroid 10 Quadrillionen Dollar wert sei. Würde man ihn zur Erde bringen, bräche dadurch das globale Wirtschaftssystem zusammen. Damit Sie sich das vorstellen können: 10 Quadrillionen sind 10 000 Trilliarden, also eine 1 gefolgt von 25 Nullen. Das Bruttoinlandsprodukt der reichsten Volkswirtschaft der Welt, den USA, betrug im

Jahr 2015 knapp 18 Billionen Dollar. Um den Wert des Asteroiden Psyche zu erwirtschaften, müssten die Vereinigten Staaten bei gleichbleibender Wirtschaftsleistung schlappe 555 Milliarden Jahre arbeiten. Da kann man schon einmal mit leuchtenden Augen auf einen Asteroiden schielen.

Nur wie kommt man auf einen derartigen Wert? Normale Asteroiden sind eine Mischung aus Gestein, Metall und Eis, bei Psyche jedoch handelt es sich um den seltenen Fall eines Himmelskörpers, der so gut wie ausschließlich aus Eisen und Nickel besteht. Deswegen hat ihn die NASA auch als Ziel für ihre Mission gekürt, um Entstehung und Herkunft solcher Ausnahme-Asteroiden zu untersuchen. Eisen und Nickel sind auf der Erde wertvolle Rohstoffe, und da Psyche einen Durchmesser von etwa 250 Kilometern vorzuweisen hat und 20 Trillionen Kilogramm Masse, findet man dort Unmengen davon, die eben nach den gängigen Rohstoffpreisen 10 Quadrillionen Dollar an Wert entsprechen.

Falls Sie die Weltwirtschaft deshalb in einer dunklen Ecke mit klappernden Zähnen kauern sehen, können Sie ihr aber Entwarnung geben. Es gibt viele Gründe, die zu ihrem Zusammenbruch führen könnten, Asteroidenbergbau auf Psyche zählt nicht dazu.

Es gibt zwar bereits viele Pläne und Vorschläge, wie man Rohstoffe auf Asteroiden abbauen könnte, aber noch keine konkreten Experimente oder Missionen. Das wäre allerdings noch das kleinere Problem, es gibt einige größere zu bewältigen, und das größte lautet: Wie bringen wir die Rohstoffe zurück zur Erde, nachdem sich Asteroiden dauernd irgendwo im Weltall aufhalten und nicht einfach artig und sanft auf der Erde landen, um sich ausnehmen zu lassen?

Zu Asteroiden zu gelangen wäre eigentlich mittlerweile machbar und ist schon einige Male mit unbemannten Sonden gelungen. Mit Landung, teilweise sogar Telemark. Aber nur Hinfliegen und Schauen reicht nicht, wenn man Bergbau betreiben will. Sieht man von den vielen teils schweren, teils empfindlichen Geräten ab, die für den Abbau nötig wären und die man hintransportieren müsste, muss man das abgebaute Material auch irgendwie zu uns bringen. Man bräuchte extrem große Frachtraumschiffe, die zwischen Erde und Asteroiden hin- und herflögen. Solche könnten wir theoretisch auch bauen, es wäre eine tolle Herausforderung, alleine die Kosten wären exorbitant, und man benötigte auch jede Menge Personal und Technik und Zeit. Und darüber hinaus noch gewaltige Mengen sehr teuren Treibstoffs, um die Geräte zu den Asteroiden zu bringen, und dann noch einmal sehr viel Technik und sehr teuren Treibstoff, um das Material aus dem All irgendwie zurück auf die Erde zu schaffen. Denn um eine Rakete im Landeanflug auf die Erde zu bremsen, braucht man fast genauso viel Treibstoff wie für den Abflug. Ein bisschen was könnte man durch Reibung an der Lufthülle sparen, aber das wäre nicht von entscheidender Bedeutung. Und dadurch würde das Unterfangen insgesamt so kostspielig, dass sich der Rohstoffabbau im All nicht lohnen würde.

Vor allem aus diesem Grund ist der geschätzte Wert von 10 Quadrillionen Dollar zzgl. Zusammenbruch der Weltwirtschaft Unsinn. Und natürlich auch weil ein Rohstoff, der momentan noch selten ist und deshalb wertvoll, wie etwa Gold oder Titan, umgehend stark an Wert verlieren würde, gäbe es auf einmal sehr viel davon. Fidget Spinner, bei Erstellung des Buches im Sommer 2017 gerade auf Siegeszug durch den deutschsprachigen Raum und im Einzelfall bis zu 600 Dollar teuer, werden bei Erscheinen Ende September schon so old school sein, dass man sich wehren wird müssen, um nicht dauernd irgendwo gratis einen dazuzubekommen. Falls sich Ihre Begehrlichkeiten, was Asteroiden betrifft, aber in engeren Grenzen bewegen sollten und Sie einfach nur einen besitzen möchten, weil Sie das toll und eindrucksvoll finden, etwas so Altes in der Hand halten zu können, einen Asteroiden für den Eigenbedarf, so können die Beschaffungsprobleme ziemlich einfach gelöst werden. Sie brauchen kein Raumschiff, keine komplizierten Geräte und keinen Tropfen sehr teuren Treibstoff. Kleine Asteroiden sind nämlich im Laufe der Zeit immer wieder von selber auf der Erde gelandet und tun das noch, es gibt Menschen, die sie aufklauben, und denen kann man sie abkaufen. Sie sprechen einen aber nicht im Park an in schlecht einsehbaren Ecken, »He, brauchst was, Asteroid?«, sondern Asteroidenhandel ist ein seriöser Teil des vollkommen normalen und legalen Mineralienhandels. Es gibt Mineralienbörsen, man kann Asteroiden, oder besser Meteoriten, denn gelandete Asteroiden legen den Mädchennamen ab und heißen dann Meteoriten, auch im Internet kaufen oder bei Gesteinssammlern.

Wie aber prüft man, ob man tatsächlich einen Stein gekauft hat, der älter als die Erde und aus dem All eingewandert ist? Es gibt einen einfachen Schnelltest mit einem Magneten. Das kann jeder. Weil die Metalle auf differenzierten Himmelskörpern wie der Erde anders verteilt sind als bei Meteoriten und deshalb Steine von der Erdoberfläche viel weniger Metall enthalten, kann man mit einem Magneten testen, was man vor sich hat. Bleibt der Magnet haften, ist es ein Meteorit, gelingt das nicht, kann man den Stein zwar genauso kaufen, besitzt dann aber keinen Meteoriten, sondern einen Stein. Das ist ein sehr guter Test, leider nur für fast immer. Es gibt nämlich auch auf der Erde stark erzhaltiges Gestein, während Asteroiden manchmal, und kurioserweise die ganz seltenen und somit wertvollen vom Mond oder vom Mars, kaum Metall enthalten. Das heißt, wenn Sie mit einem Magneten auf einer Mineralienbörse im Schnellverfahren testen und er hält am Stein, dann wissen Sie ganz sicher: Es handelt sich um einen echten Meteoriten, oder auch nicht. Das ist natürlich nicht wenig, aber für alle, die sich damit nicht zufriedengeben, existiert noch ein geringfügig aufwendigeres Verfahren, um Irrtümer gänzlich auszuschließen, bevor Sie am Asteroidenstand auf der Mineralienmesse zuschlagen. Alle Meteoriten, auch die, die kaum Metall enthalten, haften mehr oder weniger am Magneten, Metallmeteoriten stärker, Gesteinsmeteoriten schwächer. Ob es sich um Letzteren handelt, erkennen Sie an der leckeren Schmelzkruste. Während ihrer Tätigkeit als Meteor, also Leuchterscheinung, schmelzen Asteroiden nämlich äußerlich auf, hören aber nach dem Leuchten auf mit dem Heißsein und kühlen stark ab. Das ergibt eine typische Kruste, und wer viel Erfahrung besitzt, erkennt sie auch. Ist der begehrte Stein vom Magneten nur mehr schwer zu trennen, handelt es sich vielleicht um einen Metallmeteoriten. Um sicherzugehen, polieren Sie ihn gründlich und tauchen ihn danach in Salpetersäure, am besten vor den Augen des Verkäufers oder der Verkäuferin. Ist das Objekt der Begierde echt, zeigt sich danach ein ganz charakteristisches Muster, das es nur bei Asteroiden zu sehen gibt, die sehr langsam, also im Laufe von Jahrmillionen ausgekühlt sind. Sehen Sie kein Muster, dann können Sie den Stein wieder zurücklegen und dem bestimmt beeindruckten Mineralienhändler bescheiden, dass seine Ware nicht original sei. Er müsse nichts bezahlen für die Überprüfung, das sei in Asteroidensammlerkreisen Ehrensache. Und es müsste schon mit dem Teufel zugehen, wenn das nicht der Beginn einer wunderbaren Freundschaft wird. ✓

»War die
Erde wirklich
einmal
komplett
zugefroren?«

Kurze Antwort:

--→ Wenn nicht mit gespaltener Gletscherzunge gesprochen wird, allerdings. ✓

Lange Antwort:

--→ Während im 21. Jahrhundert ein Rekordsommer den nächsten jagt, dürften sich Lebewesen, die vor etwa ein paar Hundert Millionen Jahren aus dem Fenster geschaut haben, schon über leichtes Tauwetter gefreut haben. Während wir heute auch aufgrund der Kohlendioxidemissionen alle Hände voll zu tun haben mit einem langsam aus dem Ruder laufenden Treibhauseffekt, siehe auch Frage 27 »Kann der Mensch das Klima wandeln?«, lautete die 6-Tage-Prognose damals jahrtausendelang: weiterhin durchgehend überall Schneefahrbahn und Straßenglätte, und Kettenpflicht rund um die Uhr auf allen Passstraßen und in der Ebene. Höchstwahrscheinlich. Aber wie kann ein ganzer Planet einfach zufrieren?

Nun, so einfach war es zum einen gar nicht, und zum anderen liegt dem ein ausgesprochen kurioser Mechanismus zugrunde, der eher zufällig entdeckt worden ist.

Der russische Wissenschaftler Michail Budyko hat während des Kalten Krieges untersucht, wie sich ein Atomkrieg auf das Klima auswirken könnte. Nicht aufs politische, denn das wäre ja wohl schon zerstört gewesen, bevor so ein Krieg beginnen würde, sondern aufs planetare. Atombomben erzeugen nicht nur enorm viel Hitze und Druckwellen, wenn sie ihrer Bestimmung nachgehen, sondern wirbeln auch ungeheure Mengen Staub auf. Dadurch würde sich die

Sonneneinstrahlung verändern, weil nicht mehr so viel Wärmestrahlung zur Erde durchkommt, und die Durchschnittstemperatur sinken. Was folgt, nennt man nuklearen Winter. Das wäre in jeder Hinsicht für alle Menschen sehr unangenehm und auch für die meisten Pflanzen und Tiere, aber allein dadurch fröre die Erde noch nicht ein. So ein Planet hat im Rahmen seines 4,5 Milliarden Jahre langen Lebens schon ganz andere Dinge erlebt, da bekommt er von ein paar nuklearen Sprengsätzen noch keine kalten Füße.

Michail Budyko hat im Zuge seiner Forschung allerdings zufällig und unabhängig von der eigentlichen Fragestellung einen interessanten Rückkopplungsmechanismus entdeckt. Landmassen und Ozeane können bekanntlich Sonnenlicht absorbieren und sich aufwärmen. Und tun das auch, wenn man sie lässt. Eis hingegen reflektiert das Licht der Sonne.

Je mehr Eis die Erdoberfläche bedeckt, desto mehr Licht wird reflektiert und desto weniger steht für die Erwärmung der Erde zur Verfügung. Dadurch wird es immer kälter, was zu noch mehr Eisbildung führt und wiederum die Abkühlung der Erde verstärkt. Wo Tauben sind, da fliegen Tauben zu, sagt der Volksmund, oder wahlweise, dass der Teufel immer auf den größten Haufen scheiße. Trotzdem friert die Erde deshalb noch immer nicht komplett zu, denn es existiert ein Grenzwert. Budyko hat herausgefunden, dass die Vergletscherung erst dann nicht mehr aufzuhalten ist, wenn das Eis einen ausreichend großen Teil der Erde bedeckt. Ausreichend bedeutet in dem Fall, dass die Gletscher vom Nordpol bis etwa zum südlichen Mittelmeer bzw. zur afrikanischen Küste vorrücken. Ist es einmal so weit, dann hält sie endgültig nichts mehr zurück. Dann herrscht überall Glatteis, und das ganze Jahr tönt White Christmas aus den Kaufhauslautsprechern. Ab dann spricht man von der sogenannten Schneeballerde. Quasi ein immerwährender Weihnachtsmarkt, was nicht nur ausgesprochen scheußlich klingt, sondern ausgesprochen verwunderlich ist, dass die diversen Religionserfinder beim Ausmalen der Hölle sich nie so ein Horrorszenario einfallen haben lassen. Wenn man heute aus dem Flugzeug auf die Erde schaut, dann sieht man nur sehr selten schneebedeckte Flächen, warum kamen Geologinnen und Geologen trotzdem auf die Idee der Schneeballerde? Um sich wichtigzumachen und damit neue Forschungsgelder zu lukrieren, weil ohnedies niemand überprüfen kann, was vor so langer Zeit passiert ist? Natürlich nicht.

Erstaunlicherweise hat man nämlich in Gesteinsschichten in der Nähe des Äquators deutliche Spuren von Vergletscherung gefunden. Heute herrscht dort fast überall tropische Hitze, aber vor 600 bis 700 Millionen Jahren könnten sich am gleichen Ort mächtige Gletscher befunden haben. Inmitten komplett regelmäßig abgelagerter Sedimentschichten sind dort riesige Felsbrocken entdeckt worden. Und solche Felsbrocken haben in diesen geologischen Schichten eigentlich nichts zu suchen. Wie sind sie dann dorthin gekommen? Stoned, wie sie waren, die falsche Autobahnabfahrt erwischt? Der einzige bekannte Weg, auf dem sie dorthin gelangt sein können, sind Gletscher. Die haben sich aber natürlich keine Jause eingepackt und sind von den Polen bis zum Äquator gewandert. Und weil es so unglaublich war, Derartiges in diesen Klimazonen zu finden, hat man lange Zeit sogar die Plattentektonik, also die Bewegung der Kontinente und Erdmassen, dafür verantwortlich gemacht. Aber auch diese Hypothese war falsch, und heute geht man davon aus, dass es sich nicht um fidele Wandergletscher handelt, die im Frühtau zum Äquator ziehen, sondern dass die Gletscher schon in der Gegend rund um den Äquator entstanden sind. Und die Felsbrocken sind Zeugen davon. Denn mächtige Eisströme können große und kleine Steine mit sich führen, und wenn sie schließlich auftauen, werden die Felsbrocken dort fallen gelassen, wo sie sich gerade befinden. Sie lassen Felsen fallen wie die sprichwörtlichen Hendln ihren Dreck.

Diese Felsbrocken sind quasi das große Geschäft der Gletscher. Wenn Sie so wollen. Gletscher am Äquator ist schon erstaunlich genug und klingt ein bisschen wie Dinosaurier und Menschen zur selben Zeit. Und als ob das nicht schon bizarr genug wäre, wissen wir heute, weil man es überall sehen kann, dass die Erde ganz und gar nicht mehr komplett zugefroren ist, sondern weitgehend aufgetaut. Und dass es nach einer Komplettzufrierung dazu kommt, ohne dass überirdische Schneeräumfahrzeuge jahrhundertelang Salz streuen, ist mindestens genauso schwer zu erklären wie der umgekehrte Vorgang. Aber es geht.

Diesmal durfte, nach dem Sowjetrussen Budyko, im Sinne des Kalten-Krieg-Proporzes, ein US-Amerikaner ran, nämlich der Geologe Joseph Kirschvink. Der hat paläomagnetische Methoden angewendet, um den Entstehungsort der Gesteine zu identifizieren. Kann man sich zwar nur ungefähr ein bisschen was drunter vorstellen, hat vermutlich was mit altem Zeug zu tun und Magneten, und damit ist man immerhin nicht komplett auf dem Holzweg. Wenn nämlich Gestein aus flüssiger Lava oder Magma entsteht, können sich magnetische Einlagerungen frei bewegen und richten sich am Magnetfeld der Erde aus. Wie eine Kompassnadel. Diese Richtung ist unterschiedlich, je nachdem, wie weit entfernt man sich von den Polen bzw. dem Äquator befindet. Und wenn das Gestein fest wird, dann *friert* so auch die Richtung ein, in die die magnetischen Einlagerungen zeigen. Auch wenn man den Stein später woandershin transportieren würde. Und deshalb weiß man heute, dass es am Äquator vor vielen Millionen Jahren, als die Erde zugefroren war, Gletscher gegeben hat. Wo sind die hin? Beim Auftauen spielten Treibhausgase eine Rolle, wie Kohlendioxid. Heute stellt Letzteres den Gottseibeiuns der Klimaforscher dar, damals ist es gemeinsam mit anderen Treibhausgasen in großen Mengen aufgrund von Vulkanausbrüchen in die Atmosphäre gelangt.

Aber so wie eine Erde nicht einfach einfriert, wenn man einmal zu lange im Winter das Fenster offen lässt, so taut sie auch nicht ohne Weiteres auf, weil sich ein paar Vulkane austoben. Normalerweise gibt es außerdem Prozesse, die dafür sorgen, dass sich nicht zu viel davon ansammeln kann. Regen kann das etwa verhindern. Regen? Geht's noch? Wenden Sie völlig zu Recht ein, wie soll es denn regnen können, wenn alles gefroren ist? Hä!?!

Tatsächlich hat es auch nie geregnet. Aber genau das war der Clou. Durch Vulkanismus ist nämlich immer mehr CO_2 in die Atmosphäre gelangt und auch dort geblieben. Das ganze freie Wasser der Erde war als Eis gefroren, es gab nichts, was vom Himmel regnen hätte können, um so das CO_2 wieder aus der Atmosphäre zu waschen, wodurch der durch das Kohlendioxid ausgelöste Treibhauseffekt immer stärker wurde. Und dadurch ist die Erde allmählich wieder abgetaut. Vermutlich. Zumindest ist so prinzipiell erklärbar, dass ein Planet, der einmal zugefroren war, auch wieder auftauen kann. Und das ist schon einmal nicht wenig, dass wir einen Mechanismus kennen, der so ein Szenario wissenschaftlich plausibel macht.

Ganz sicher wird man aber nie wissen, ob die Erde wirklich einmal komplett zugefroren war. Denn wenn etwas mehrere Hundert Millionen Jahre her ist, dann leben keine Zeitzeugen mehr, es gibt keinerlei Aufzeichnungen oder Retrowellen, und so wird es niemals völlige Gewissheit geben.

Haben dann Kreationisten, die behaupten, Dinosaurier und Menschen haben zur selben Zeit gelebt, vielleicht genauso recht? Weil das einfach auch schon sehr lange her ist und niemand mehr lebt, der davon erzählen kann? Ist *Jurassic Park* vielleicht kein Feature film, sondern eine Doku? Nein. Nur weil wir in manchen Fällen nie genau wissen werden, was tatsächlich passiert ist, heißt das nicht, dass kompletter Unsinn deshalb wahrscheinlicher wird. Und das ist in vielen Fällen und auch dem der Koexistenz mit Dinosauriern gut so. Denn eine Welt ohne Dinosaurier und ohne Kreationisten, die bestimmen, was stimmt und was nicht, ist für uns Menschen deutlich attraktiver. Das wird Ihnen jeder Herrgott jederzeit gerne bestätigen (Name v. d. Red. geändert). ✓

24

»Kann ein Vollrausch lebensrettend sein?«

--→ Jawoll, 'türlich, Meister, Prost! ✓

Lange Antwort:

--→ Das Klischee vom liebenswerten, aber chronisch alkoholisierten Wiener ist in Österreich so weit verbreitet, dass einheimische Trunkenbolde ihren Facebook-Status eigentlich auf »Weltkulturerbe« umstellen könnten. Regelmäßig »fett wie ein Radierer« zu sein, wie man erfolgreich in die Höhe getriebene Blutalkoholwerte liebevoll nennt, gehört an der schönen blauen Donau so sehr zum guten Ton, dass man bereits Kindern das Heldenlied vom sturzbetrunkenen lieben Augustin eintrichtert, der genau deshalb der Pest entronnen sein soll. Darüber hinaus wird behauptet, Österreich habe 1955 nur deshalb einen Staatsvertrag bekommen, weil der damalige Außenminister Leopold Figl die russischen Verhandler mit seinem enormen Trainingsvorsprung beim Heurigen unter den Tisch gesoffen habe. Das ist natürlich Folklore, denn gleichzeitig wird regelmäßig vor alkoholhaltigen Erfrischungsgetränken gewarnt, weil bei jedem Vollrausch angeblich Tausende Gehirnzellen das Zeitliche segnen. Aber stimmt das überhaupt? Muss die Warnung richtig sein, nur weil die Komasaufanekdote von Österreichs hochprozentig errungener Freiheit und Neutralität falsch ist? Eines vorweg für den Fall, dass es wirklich noch immer extra dazugesagt werden muss: Alkoholiker zu werden ist keine gute Idee. Wer Ihnen etwas anderes erzählt, verfolgt entweder Interessen, die den Ihren fundamental widersprechen, oder er sucht verzweifelt jemanden, der mit ihm gemeinsam weiterbechert. Am Morgen nach einem Vollrausch fühlen sich manche Menschen so elend, dass sie ihren am Vorabend von ihnen gegangenen Gehirnzellen am liebsten nachsterben würden. Das kann man verstehen, und kurzfristig hat Alkohol zweifelsohne auch sehr ungünstige Auswirkungen und macht etwas langsamer. Sie können das zu Hause anhand eines Geschicklichkeitstests ausprobieren, indem Sie das nächste Mal, wenn Sie betrunken von einer Feier heimkommen, den Kühlschrank öffnen, ein rohes Ei in die Luft schmeißen und versuchen, es mit dem Mund zu fangen. Dem offenen natürlich, wenn Sie die Lippen aufeinandergepresst halten, wird es noch schwieriger. Egal ob es Ihnen gelingt oder nicht, Sie wissen jetzt, dass der Alkohol Ihre Intelligenz akut herabgesetzt hat, denn nüchtern hätten Sie Derartiges vermutlich eher nicht ausprobiert.

Einer der Gründe für die vorübergehende Verlangsamung ist, dass Alkohol die Kommunikation zwischen den Gehirnzellen stört. Jedes Neuron verfügt über rund 1000 Synapsen, also Verbindungen, über die es mit anderen Zellen kommuniziert. Über diese Synapsen twittern Neurone bis zu 1000 Mal pro Sekunde ein Statusupdate an andere Gehirnzellen, um diese auf dem Laufenden zu halten. Dies geschieht mithilfe von kommunikationshemmenden und -fördernden Botenstoffen, die an der Synapse ausgeschüttet werden. Alkohol sorgt dafür, dass mehr hemmende und weniger aktivierende Signale freigesetzt werden. Die gute Nachricht: Der Effekt ist reversibel, und unsere gehirninterne Kommunikation funktioniert nach dem Ausnüchtern wieder reibungslos. Man findet sich nach der Ausnüchterung zwar nicht als deutlich klügerer Mensch wieder, auch wenn man sich einreden will, daraus gelernt zu haben und es nie wieder machen zu wollen, aber Sie sind immer noch genauso schlau wie davor, und das reicht, um zu wissen, dass Ihr momentaner Katzenjammer vorbeigeht und die Hemmschwelle zum nächsten Besäufnis wieder ein leicht überwindbares Hindernis für Sie darstellen wird, das Sie ohne Anlauf überspringen können. Ein Zellgift ist Alkohol trotzdem. Ihnen ist bestimmt schon aufgefallen, dass Ihr Hausarzt, bevor er Ihnen eine Spritze verpasst, die Einstichstelle mit Alkohol einreibt. Das macht er nicht als Aperitif für die Spritzennadel, sondern um mögliche Krankheitserreger abzutöten. Alkohol ist in der Lage, die Proteine in den Zellmembranen zu zerstören, was vielleicht einer der Gründe ist, warum Athleten ihr Proteinpulver lieber in Milch verrühren als in Zwetschgenbrand. Vielleicht ist das aber auch eine Vorsichtsmaßnahme zu viel, denn könnte Alkohol dasselbe wirklich mit den Proteinen unserer Gehirnzellen machen? Grundsätzlich gibt es einen Weg, wie das gelingen kann, dazu müssten Sie den Alkohol aber mit einer Spritze direkt ins Gehirn injizieren. In dem Fall könnten Sie eventuell ausnahmsweise aufs Desinfizieren der Einstichstelle verzichten, die Krankheiten, die Sie dadurch bekommen könnten, werden durch den Dachschaden, den Sie offensichtlich schon haben, bei Weitem aus dem Feld geschlagen.

Sobald Alkohol in unser Blut gelangt, wird er nämlich tausendfach verdünnt und ist nur noch im Promillebereich vorhanden. In diesem Zustand kann er den Proteinen unserer Gehirnzellen nichts anhaben. Wenn Ihnen jemand eine kalte Eierspeise mit hochprozentigem Alkohol zubereitet und behauptet, das Gleiche wie beim Gerinnen des Eiweißes passiere auch in Ihrem Gehirn, wenn Sie Alkohol trinken, dann hat er von Biochemie nicht viel Ahnung oder davor schon ein, zwei Eierspeisen beim Vorglühen vertilgt.

Dass Alkohol im Blut so stark verdünnt wird, bedeutet allerdings nicht, dass er keine Gefahr für unser Gehirn darstellt. Es gibt nämlich noch die indirekten Effekte des Alkohols auf das Gehirn. Zum Beispiel steigt mit dem Blutalkoholspiegel auch die Wahrscheinlichkeit, dass Sie sich auf eine Weise verhalten, die darin resultiert, dass Ihnen eine kräftige Ohrfeige erst freundlich angetragen und schließlich auch zuteilwird. Das kann, wenn Winkel und Intensität stimmen, langfristige Konsequenzen für die eigene Intelligenz haben, denn die Wucht des Aufpralls ist für die Gehirnzellen tatsächlich schlecht. Aber selbst wenn man von Watschen verschont bleibt, ist man nicht sicher vor langfristigen, indirekten Effekten des Alkoholkonsums.

Eine Krankheit, die sich vorwiegend bei Alkoholikern findet, heißt Wernicke-Korsakow-Syndrom, das sich unter anderem durch Koordinationsschwierigkeiten und Gedächtnis-Probleme äußert. Gehirne von schweren Alkoholikern, die daran leiden, schauen deshalb ein wenig aus wie Rosinen, sind also durch die Erkrankung verschrumpelt. Schuld daran ist nicht der direkte Einfluss des Alkohols auf das Gehirn, sondern ein Vitaminmangel, der aus übermäßigem Alkoholkonsum resultieren kann. Genauer gesagt der Mangel an Vitamin B1, auch Thiamin genannt, das für die Funktion des Nervensystems unentbehrlich ist. Dass vor allem Alkoholiker von dem Mangel betroffen sind, hat zwei Gründe. Einerseits haben Alkoholiker oft ganz andere Sorgen, als sich um eine ausgewogene Ernährung zu kümmern. Da wird der Leberkäsesemmel schnell mal der Status »Superfood« verliehen. Andererseits erschwert Alkohol selbst die Aufnahme von Vitamin B1 aus dem Verdauungstrakt und dessen Speicherung in der Leber. Die gute Nachricht ist, dass man diesem Vitaminmangel nicht schutzlos ausgeliefert ist und ihm, weil er durch Mangelernährung zustande gekommen ist, entgegenwirken kann, indem man zusätzliches Vitamin B1 zu sich nimmt. Eine Handvoll Sonnenblumenkerne deckt den Tagesbedarf eines Erwachsenen. Wer als Alkoholiker oder Alkoholikerin auf der sicheren Seite sein möchte, kann deshalb auf dem Nachhauseweg vom Wirtshaus einfach kurz beim Vogelhäuschen stehen bleiben und eine Handvoll naschen. Und im Urlaub stets einen Meisenknödel als eiserne Reserve dabeihaben. Also grünes Licht fürs ernährungsbewusste Komasaufen? Das wäre vorschnell, noch gibt es ein paar Punkte, die von der Wissenschaft erst vollständig geklärt werden sollten, bevor wir uns mit bestem Gewissen auf die nächstgelegene Tequila-Flasche stürzen. Auf der einen Seite gibt es Hinweise darauf, dass regelmäßiger Alkoholkonsum die Bildung neuer Hirnzellen in bestimmten Regionen unseres Denkorgans erschweren könnte. Auf der anderen Seite gibt es auch Studien, die behaupten, regelmäßiger Alkoholkonsum würde sich positiv auf die Lebenserwartung älterer Menschen auswirken. Die Forschungsergebnisse zu beiden Themen sind noch nicht robust genug, um mit Sicherheit sagen zu können, wie viel an den Behauptungen dran ist. Natürlich können Sie beides abwechselnd ausprobieren und versuchen, Ihre Ergebnisse zu publizieren. Aber es steht zu befürchten, dass Ihr Paper höchstens als – Obacht! – beer reviewed durchgeht. Doch noch untergebracht, den Witz, war allerdings schon knapp. Aber auch wenn es unglaublich klingt, es gibt Situationen, in denen Alkoholkonsum nicht nur eine gute Idee ist, sondern sogar lebensrettend.

Wenn man von Alkohol spricht, meint man dabei meistens den klassischen Trinkalkohol, also Ethanol. Bei unsachgerechter Herstellung alkoholischer Getränke kann aber zusätzlich eine andere Form von Alkohol im Getränk landen, nämlich Methanol. Hört sich ähnlich an, aber im Gegensatz zu Ethanol eignet sich Methanol nicht als Katalysator für einen geselligen Abend. Das Resultat des Methanol-Konsums reicht von Erblindung bis hin zum Tod durch Atemlähmung. Beides steht sehr selten auf Weihnachtswunschlisten, und wenn, dann eher weit unten. Der Grund dafür ist, dass unsere Leber Methanol in die giftigen Abbauprodukte Formaldehyd und Ameisensäure umwandelt. Zwar sind unsere Nieren in der Lage, diese Stoffe auszuscheiden, allerdings nur sehr langsam, und sie können dabei mit der Produktion der Giftstoffe in der Leber nicht mithalten. Dadurch hat insbesondere die Ameisensäure Zeit, sich im Körper anzureichern und massiven Schaden anzurichten. Es ist deshalb wichtig, sich bei einer Methanol-Vergiftung möglichst schnell in ein Krankenhaus zu begeben. Allerdings nicht, um sich den Magen auspumpen zu lassen, sondern um sich dort, manchmal über Tage hinweg, eine Blutalkoholkonzentration von 1 Promille anzueignen. Für Freunde des Oktoberfests nicht weiter beeindruckend, aber im medizinischen Umfeld hat eine Lokalrunde auf Krankenkasse als Therapie durchaus Seltenheitswert. Ethanol, das beispielsweise als 40-prozentiger Schnaps verabreicht wird, dient der Leber dabei als Lockangebot. Sie baut Ethanol nämlich viel lieber ab als Methanol. Wird sie deshalb durchgehend mit Ethanol versorgt, verstoffwechselt sie das Methanol nur nebenbei in geringen Mengen. Die Nieren gewinnen dadurch mehr Zeit, um die giftigen Methanol-Abbauprodukte auszuscheiden, bevor sich diese im Körper ansammeln können.

Das heißt, wenn Sie einen runden Geburtstag vor der Türe stehen haben und aber den Getränkenachschub etwas schleifen lassen möchten: Methanol als Aperitif für die Gäste, und dann tagelang Party in der Notaufnahme. ✓

»Kann man in einem Schwarzen Loch zu spät kommen?«

Kurze Antwort:

--→ Das wäre ein singuläres Ereignis. ✓

Lange Antwort:

--→ Pünktlichkeit sei die Höflichkeit der Könige, meinen die einen, während die anderen entgegnen, dass man prinzipiell zu spät kommen solle, da einem Pünktlichkeit die Zeit stehle. Diese Meinungsverschiedenheit spielt vielleicht auf der Erde eine Rolle, aber in einem Schwarzen Loch sind derartige Überlegungen Faxen. Denn um in einem Schwarzen Loch auch nur irgendwas tun zu können, muss man erst einmal hinkommen. Und obwohl Schwarze Löcher alles mit immenser Kraft anziehen, reicht das nicht, wenn man nicht nahe genug herankommt.

Stellen wir uns also vor, wir spazieren in Richtung eines Schwarzen Loches, sagen wir, ein passender Wanderweg durchs All wäre erst unlängst vom Fremdenverkehrsverein im Beisein von Bürgermeister und Blasmusik eröffnet worden. Aus unserer Sicht ist die Sache noch relativ einfach. Man kommt dem Loch mit der Zeit immer näher, die Zeit vergeht ganz normal, und auch der Blick auf die Uhr zeigt nichts Außergewöhnliches. Das Wetter passt auch, denn im Weltall scheint immer die Sonne, wenn eine in der Nähe ist, und das Ziel ist schon in Sicht. Nach einiger Zeit würden wir allerdings merken, dass wir immer größer und schlanker werden. Darüber freuen sich manche von uns und heißen diesen Nebeneffekt der Wanderung willkommen. Leider zu vorschnell, denn ziemlich bald, nachdem wir groß und schlank geworden sind, würden wir noch größer, noch schlanker und vor allem leider auch sehr tot. Das ist nun nicht mehr so willkommen, auch wenn wir uns um Pünktlichkeit dadurch nicht mehr zu sorgen bräuchten. Der Grund für den schnellen Tod ist die enorme Gravitationskraft, die, um genau zu sein, und deshalb sind wir ja unter anderem da, ein Schwarzes Loch auch erst zu einem Schwarzen Loch macht. Aber auch wenn man sich das gerne immer so vorstellt, Schwarze Löcher »saugen« nichts an, sie haben nirgendwo einen Ansaugstutzen montiert. Die Sache funktioniert ganz anders.

Um zu verstehen, was ein Schwarzes Loch mit allem macht, was ihm zu nahe kommt, können wir vorerst auf der Erde bleiben. Die ist in gewisser Weise ein Schwarzes Loch für uns Menschen. Denn sosehr wir uns auch anstrengen, aus eigener Kraft können wir den Planeten nicht verlassen. Wenn man so kraftvoll wie möglich in die Luft springt, schafft man vielleicht 70 Zentimeter aus dem Stand, verlässt mit einem glücklichen Grinsen die Erdoberfläche mit einer Geschwindigkeit von 2–3 Kilometern pro Stunde, das Grinsen gefriert aber praktisch sofort, weil man gleich wieder am Boden ist, weil die Erdanziehungskraft keine Fisimatenten duldet. Selbst als Spitzensportler landet man nicht wesentlich später. Die Erde hält uns gnadenlos fest, wir können sie nicht verlassen, egal wie sehr wir uns bemühen. Denn dafür müsste man ganze 11,2 Kilometer in einer Sekunde per Sprung überwinden, sich also mit mehr als 40 000 Kilometer pro Stunde fortbewegen, damit einen die Erde nicht mehr zurückziehen kann. Das ist ziemlich schnell, und wer das kann, dem stehen ganz andere Dinge offen, als einfach nur vom Boden in die Luft zu springen. 11,2 Kilometer pro Sekunde beträgt die sogenannte »Fluchtgeschwindigkeit« der Erde, und deswegen brauchen wir ja auch Raketen, wenn wir ins All wollen. Für andere Himmelskörper gelten andere Fluchtgeschwindigkeiten, denn mehr Masse bedeutet auch mehr Anziehungskraft und eine entsprechend größere Fluchtgeschwindigkeit. Wer 11,2 Kilometer pro Sekunde aus dem Stand schafft, der lacht vielleicht die Erde aus, aber die Sonne hat mehr als die 330 000-fache Masse der Erde, und deshalb beträgt die Fluchtgeschwindigkeit dort schon stattliche 617,3 Kilometer pro Sekunde. Klingt nach nicht so viel, bedeutet aber mehr als 2 Millionen Kilometer pro Stunde! Das heißt 50 Mal um die Erde in einer Stunde oder einmal in einer guten Minute. Die Frage, warum man das machen sollte, stellt sich aber insofern nicht, als es ohnedies niemand könnte. Zumindest kein Lebewesen, auch nicht mit einer Rakete. Wird die Fluchtgeschwindigkeit eines Objekts größer als 299 792,458 Kilometer pro Sekunde, dann braucht sich auch Licht keine Gedanken mehr über eine Abreise von einem Objekt zu machen, denn dabei handelt es sich um die Lichtgeschwindigkeit, und wenn die und die Fluchtgeschwindigkeit gleich groß sind, kann sich rein gar nichts von so einem Himmelskörper entfernen, denn seit Einstein wissen wir ja, dass sich nichts im Raum schneller bewegen kann als das Licht.

Viel Masse haben Schwarze Löcher zu bieten, so sind sie definiert. Aber bei einem Schwarzen Loch kommt es nicht allein auf die Masse an, sondern darauf, wie viel Raum die Masse einnimmt. Denn im Prinzip kann man alles zu einem Schwarzen Loch machen, wenn man es nur stark genug zusammenquetscht. Auch unsere Sonne. Die hat einen Radius von knapp 700 000 Kilometern und wiegt momentan 2 Quintillionen (=2 x 10^{30}) Kilogramm. Wenn Sie das Buch nach Weihnachten lesen, vielleicht etwas mehr, aber unterm Jahr hält sie die Figur und nimmt sogar konstant ab. Stünde man nun auf der Sonnenoberfläche, wobei man nur ignorieren muss, dass es auf Sternen, die aus Staub und Gas bestehen, etwa 6000 °C heiß ist, dann wäre die ganze gewaltige Masse der Sonne um einen herum verteilt, aber nicht überall gleich. Und das ist wichtig, denn, das wissen wir seit Isaac Newton, die Stärke der Gravitationskraft hängt auch vom

Abstand ab. Die Masse weit links, rechts und weit unter uns zieht uns also nicht so stark an wie die Massen direkt unter uns. Das ist schön zu wissen, ändert aber recht wenig, denn da wir ja schon direkt auf der Sonnenoberfläche stehen, ist die Gravitationskraft, die wir spüren, trotzdem das Maximum dessen, was wir spüren können. Und heißer ist es weiter links auch nicht. Nur weiter drinnen in der Sonne, aber dorthin wollen wir ohnedies nicht.

Nun kommt das Sonnenquetschen. So lange, bis ihr Radius nur noch 3 Kilometer beträgt. Dann hätte sie natürlich immer noch die gleiche Masse wie zuvor, die ist ja inzwischen nicht wegmarschiert und die übt auch immer noch die gleiche Gravitationskraft aus. Gerade noch mit heißen Füßen auf der Oberfläche der Sonne, stehen wir jetzt direkt im leeren Weltall oder schweben vielmehr, während sich die komprimierte Sonne 700 000 Kilometer von uns entfernt befindet. Plötzlich steht uns viel mehr Raum zur Verfügung, um uns der Sonne weiter anzunähern als zuvor. Obwohl sie nach wie vor dieselbe Masse hat. Und je näher wir kommen, desto stärker wird die Gravitationskraft, vor allem weil die Aussagen von Isaac Newton auch in diesem Absatz nichts von ihrer Gültigkeit verloren haben. Je stärker die Anziehungskraft, desto größer wird auch die Fluchtgeschwindigkeit, die wir nun benötigen würden, wollten wir die Sonne wieder hinter uns lassen.

Und jetzt kommt's! Wenn wir uns immer weiter annähern, bis wir schließlich direkt an der Oberfläche der 3-Kilometer-Sonne angekommen sind, dann müssen wir hoffen, dass wir nichts zu Hause vergessen haben, denn hier ist die Flucht- bereits größer als die Lichtgeschwindigkeit. Die komprimierte Sonne ist nun, Sie werden es erraten haben, nichts anderes als ein Schwarzes Loch, und eben weil von dort nichts und nicht einmal Licht entkommen kann, heißen die Dinger ja auch so. Das ist aber, wie gesagt, noch nicht weiter dramatisch, denn das wird es erst, wenn man zu nahe kommt. Die

Erde, die zuvor in 150 Millionen Kilometer Entfernung ihre Runden um die Sonne gezogen hat, merkt von deren Transformation zu einem Schwarzen Loch gar nichts. Aus dieser großen Entfernung ist es komplett egal, ob die 2 Quintillionen Kilogramm einen Raum von 700 000 Kilometern oder nur von 3 Kilometern einnehmen. Die Erde würde nicht irgendwie »eingesaugt«, sondern ihre Runde ab sofort eben um das Schwarze Loch ziehen, das vorher die Sonne war. Für sie bleibt alles so, wie es war, außer dass eine Schwarze-Loch-Sonne nicht mehr scheint, was nicht nur allen, die gerne an Sonnenwunder glauben, den Spaß verdirbt, sondern überhaupt allen, denn ohne Sonnenenergie wird für alles Leben auf der Erde die Zukunft extrem abgekürzt. Ginge die Sonne plötzlich aus, weil sie jemand zusammengequetscht hat, hätten wir noch acht Minuten, um uns voneinander zu verabschieden, dann wäre es für immer Nacht, da wachsen Pflanzen bekanntlich nicht so gut, was sowohl für Tiere als auch für Menschen die Versorgungslage mit Nahrungsmitteln ungünstig verändert.

Zum Glück für uns ist es eher schwierig, die Sonne auf 3 Kilometer Durchmesser zusammenzuquetschen. Wir Menschen können es nicht, und es gibt auch keine Maschinen, die so etwas zuwege brächten. Wer könnte so was? Einen Stern zu einem Schwarzen Loch zusammenzuquetschen kann nur der betreffende Stern selbst. Wenn ein Stern ein Schwarzes Loch wird, handelt es sich also quasi um ein DIY-Schwarzes Loch. Aber nur Sterne, die mindestens 15 bis 20 Mal schwerer sind als die Sonne, können das schaffen. Sonst gehen sie zwar auch irgendwann aus, werden aber keine Schwarzen Löcher, sondern was anderes, Rote Riesen, Weiße Zwerge und so Zeug, von dem es im Weltall nur so wimmelt. Aber wenn einem Stern, der genug Masse mitbringt, am Ende seines Lebens der Brennstoff ausgeht, kann er in seinem Inneren auch keine Strahlung mehr erzeugen, die der Schwerkraft der eigenen Masse entgegenwirkt. Denn ein Stern will eigentlich immer in sich zusammenfallen, hindert sich aber selbst daran, solange er im Inneren brennt und Strahlungsdruck erzeugt. Wenn der wegfällt, fällt auch der Stern unter seinem eigenen Gewicht in sich zusammen. Je mehr Masse er besitzt, desto heftiger. Das wäre übrigens auch der Grund, warum wir auf unserem Spaziergang zum Schwarzen Loch sehr schnell sehr tot wären und vorher sehr kurz sehr groß und sehr schlank. Wir wären dort der Gravitationskraft eines ehemaligen Sterns ausgesetzt, der viel gewaltiger war als unsere Sonne, und weil dieser Stern einen Karrieresprung zu einem Schwarzen Loch hinter sich hat, können wir dieser Masse auch sehr, sehr nahe kommen. Die Gravitationskraft zieht an unseren Füßen und an unserem Kopf, aber an unserem Kopf ein bisschen weniger, weil der ein bisschen weiter weg vom Loch ist. Außer, wir würden einen Handstand wagen. Normalerweise würden aber die Füße stärker angezogen als der Kopf und sich irgendwann die Füße schneller auf das Loch zubewegen, als der Kopf hinterherkommen kann. Er will zwar noch rufen: »Arschbombe, du Blödmann, sonst werden wir zerrissen!«, allein es hilft nichts, die Schwerkraft ist mächtiger.

So weit, so gut, wir wissen nun, dass man einem Schwarzen Loch nicht zu nahe kommen sollte, aber wir haben nach wie vor keine Ahnung, ob man darin zu spät kommen kann. Dazu kommen wir gleich, versprochen.

Stellen wir uns davor aber noch kurz etwas anderes vor. Sagen wir, jemand beobachtet uns bei unserem Spaziergang zum Schwarzen Loch. Vielleicht ein besorgter Freund, der schauen möchte, ob wir gut angekommen und vor allem pünktlich sind. Anfangs würde er uns ganz normal und zielstrebig in Richtung Schwarzes Loch spazieren sehen, vielleicht winken wir noch ab und zu, aber nach längerer Beobachtung käme er zu dem Schluss, dass wir es mit der Pünktlichkeit bei unserem Treffen doch nicht so genau nehmen. Denn zu seinem Befremden würden wir in seinen Augen immer langsamer werden, je näher wir dem Schwarzen Loch kommen. Daran ist zur Abwechslung nicht Isaac Newton schuld, sondern Albert Einstein. Auch so ein Schlaumeier, der mit seiner Arbeit die Welt grundlegend verändert hat. Mit seiner Allgemeinen Relativitätstheorie hat er beschrieben, dass die Zeit etwa einer Uhr umso langsamer vergeht, je stärker die Gravitationskraft auf sie wirkt, wenn man sie mit einer anderen Uhr vergleicht, die einer geringeren Gravitationskraft ausgesetzt ist (das ist das »Relative« in der Relativitätstheorie, falls Sie sich das gerade gefragt haben). Während für uns die Zeit also weiterhin ganz normal verginge, hätte unser Freund den Eindruck, bei ihm verstreiche die Zeit schneller als bei uns.

Und nicht nur das. Aus seiner Sicht würden wir auch niemals am Schwarzen Loch ankommen, denn je näher wir kämen, desto langsamer verginge die Zeit. Er würde beobachten, dass unsere Schritte immer langsamer und langsamer würden, und den letzten Schritt, der uns zur Grenze des Schwarzen Lochs brächte, sähe er gar nicht mehr, weil wir aus seiner Sicht dafür unendlich lange bräuchten. Nun wären also nicht nur wir tot aufgrund von übermäßiger Dehnung, sondern auch er, gestorben an Altersschwäche, weil er unbedingt den letzten Schritt auch noch sehen wollte. Davor würden wir für ihn immerhin immer stärker ins Rötliche gefärbt aussehen, bevor wir zum absoluten Stillstand kommen, denn die Lichtwellen, die aus der Umgebung des Schwarzen Lochs zu uns gelangen, müssen sich ebenfalls durch das starke Gravitationsfeld kämpfen und werden dabei genauso gestreckt. Strecken bei weißem Licht heißt aber, dass seine Farbe sich immer mehr in Richtung des langwelligen Rot verschiebt. Heute rot, morgen tot ist mithin ein Sprichwort, das man kurz vor einem Schwarzen Loch zu Recht auf den Lippen hätte. Wobei es sich bei morgen im wahrsten Sinn des Wortes um einen dehnbaren Begriff handeln würde. Zusammenfassend kann man sagen: Wenn wir uns auf einen Spaziergang zu einem Schwarzen Loch machten, hätten wir zwar keine Probleme mit der Zeit, würden aber auf unangenehme Weise auseinandergerissen, knapp bevor wir pünktlich dort ankommen könnten. Und auch für einen Beobachter wären wir unpünktlich, da wir unendlich lange bis zur Ankunft bräuchten.

Pünktlich zu einem Schwarzen Loch zu kommen ist also physikalisch unmöglich. Das haben wir jetzt geklärt. Eigentlich ist damit auch klar, dass wir es nicht hineinschaffen können, also können wir auch drinnen unmöglich unpünktlich sein. Aber das wäre unbefriedigend, deshalb haben Sie nicht gefragt und so sagen wir einfach: Im Spiel könnten wir es doch irgendwie in ein Schwarzes Loch schaffen. Was wäre dann? Die seriöse Antwort lautet: Wir haben keine Ahnung.

Wir wissen zwar seit einigen Jahren ziemlich gut darüber Bescheid, was außerhalb von Schwarzen Löchern passiert, denn man kann sie beobachten, astronomisch erforschen, den Einfluss ihrer Gravitationskraft auf die Umgebung untersuchen, und das wurde auch gewissenhaft gemacht und passiert noch immer. Aber alles, was *in* einem Schwarzen Loch passiert oder vielmehr passieren könnte, bleibt weiterhin mysteriös. Denn es kann ja per Definition kein Licht von dort nach außen gelangen und auch keine andere Information, wenn man jetzt einmal von der Hawking-Strahlung absieht (von der in der Antwort auf die Frage »Warum strahlt die Hawking-Strahlung eigentlich so?« die Rede ist). Deshalb gibt es keinerlei Daten, die uns mitteilen würden, was drinnen so abgeht. Was uns bleibt, ist die Theorie, die wir bislang dazu entwickelt haben, und die ist leider ziemlich unergiebig. Denn alles, was wir derzeit über Gravitation und die Materie wissen, und das ist eigentlich nicht wenig, sagt uns, dass ein Stern, der zu einem Schwarzen Loch kollabiert, das mit unnachgiebiger Konsequenz tut. Wir kennen keine Kraft, die dem Kollaps entgegenwirken kann, und so fällt die gesamte Materie des Sterns in einem einzigen Punkt zusammen und bildet ein Objekt mit einem Radius von null Kilometern und einer unendlich großen Dichte. Das klingt toll, hat sogar einen Namen, man nennt es »Singularität«, leider gibt es auch einen kleinen Schönheitsfehler dabei, nämlich dass es das andererseits nach allem, was wir bislang wissen und berechnen können, eigentlich nicht geben kann. Man geht zwar davon aus, dass wir irgendetwas noch nicht entdeckt haben und dass eine zukünftige Theorie der Gravitation und der Materie doch noch irgendeinen Mechanismus bereithält, der den Kollaps eines Sterns aufhält, bevor eine Singularität erreicht ist, aber da machen wir momentan eigentlich gute Miene zum bösen Spiel. Denn im Grunde sind wir am Ende mit unseren Erklärungen, wenn etwas unendlich dicht werden will.

Sollte sich aber doch einmal eine andere Theorie finden, wovon eigentlich auszugehen ist, wenn der wissenschaftliche Fortschritt nicht aus unvorhersehbaren Gründen unterbrochen wird, dann würde ein Schwarzes Loch von ihr vermutlich so beschrieben: In der Mitte ist das Ding, das in seinem früheren Leben ein Stern war und jetzt aber irgendwas anderes, was noch keinen Namen hat, weil es sich hoffentlich nicht um eine Singularität handelt. Wir stellen uns also meinetwegen eine winzige Kugel vor aus extrem komprimierter Materie. Oder einen Quader oder irgendetwas anderes, Hauptsache sehr klein und mit sehr viel Masse. Ein Stück außerhalb um dieses Ding herum befindet sich der »Ereignishorizont«. Das ist kein materielles Etwas, sondern die theoretische Grenze, ab der die Fluchtgeschwindigkeit größer ist als die Lichtgeschwindigkeit. Kommt man dem Ding nicht näher als bis zum Ereignishorizont, ist alles einigermaßen im grünen Bereich, sieht man vom schnellen Tod durch Streckung ab. Überschreitet man den Ereignishorizont jedoch, kommt man niemals mehr zurück. Von außen sieht man daher auch das Ding nicht, sondern nur den Ereignishorizont bzw. auch den eigentlich nicht. Man sieht nur eine dunkle Region im Universum mit den Ausmaßen des Ereignishorizontes, aus der kein Licht kommt. Das »Innen« eines Schwarzen Lochs, und jetzt sind wir endlich fast schon am Ziel, wäre dann alles, was sich innerhalb des Ereignishorizonts befindet, das wir aber von außen nicht sehen können und über das wir nichts wissen. Aber tun wir trotzdem einmal so, als wären wir irgendwo nach innen gekommen. Wie ist es dann um die Pünktlichkeit bestellt?

Nun ist seltsam eigentlich kein wissenschaftlicher Begriff, aber wenn es sehr seltsam wird in der Wissenschaft, dann verwendet man ihn manchmal doch, wie in der Teilchenphysik bei den Strange Quarks. Hier im Inneren des Schwarzen Lochs – herzlich willkommen noch einmal – ist seltsam zwar auch kein Fachbegriff, aber seltsam zugehen tut es doch. Seit Albert Einstein wissen wir, dass man Gravitation nicht nur als Kraft beschreiben kann, sondern als geometrischen Effekt. Jede Masse krümmt den Raum, und wenn sich irgendwas bewegt, folgt es immer dieser Raumkrümmung. Die Sonne krümmt den Raum im Sonnensystem, und die Erde wird durch diese Krümmung auf eine Bahn um die Sonne herum gezwungen. Die Erde fliegt bekanntlich nicht um die Sonne, weil sie Vollgas gibt, damit sie schnell genug rundherum kommt und wieder zu Hause ist, bevor der Tag sich neigt, sondern weil sie aufgrund der Raumzeitkrümmung durch die Sonne nicht anders kann.

Je stärker der Raum gekrümmt ist, desto größer auch der Einfluss auf die Bewegung, oder anders formuliert, umso stärker spürt man auch die Gravitationskraft. Einstein hat sich mit der Raumkrümmung aber nicht zufriedengegeben. Da er schon einmal dabei war, hat er auch postuliert, dass man den Raum nicht alleine betrachten kann, sondern immer in Kombination mit der Zeit. Beides hängt zusammen. Es gibt nicht »den Raum« und »die Zeit«, sondern nur die »Raumzeit«. Und je schneller wir uns durch den Raum bewegen, desto langsamer bewegen wir uns durch die Zeit. Massen krümmen eben nicht nur den Raum, sondern gleichzeitig auch die Zeit. Bis daher geht es noch so einigermaßen ohne Mathematik, aber jetzt wird es vertrackter, denn gekrümmte Zeit kann man sich wirklich nur schwer vorstellen.

Die gute Nachricht: Das muss man in der Regel auch nicht. Denn normalerweise krümmen Massen die Raumzeit nicht stark genug, sodass wir im Alltag davon unbehelligt bleiben. Bei einem Schwarzen Loch ist das aber deutlich anders. Wenn wir irgendwo in der Gegend spazieren gehen, dann können wir nicht unbegrenzt weit in alle Richtungen schauen. Selbst wenn wir auf einen hohen Berg klettern, ist irgendwann Schluss mit der Aussicht, denn früher oder später kommt da der Horizont. Der ist aber nichts anderes als die gekrümmte Oberfläche der Erde, die uns den Blick auf den Rest verstellt. In einem Schwarzen Loch ist jetzt aber nicht nur der Raum massiv gekrümmt, sondern eben auch die Zeit. Und deswegen gibt es auch einen zeitlichen Horizont, über den wir nicht schauen können. Gut, in die Zukunft kann man sowieso nicht blicken (auch nicht die Astrologen, die schon gar nicht, die haben ja oft nicht einmal die Gegenwart im Griff), aber in einem Schwarzen Loch noch viel weniger, weil da die Zeit, die vor uns liegt, durch den Horizont stark begrenzt ist. In einem Schwarzen Loch verhält es sich auch in anderer Hinsicht viel komplizierter, irgendetwas zu sehen. Alles, was näher an der Nicht-Singularität im Zentrum dran ist als wir selbst, ist für uns unsichtbar, weil das Licht von dort nicht zurück zu uns kommen kann. Sowohl räumlich als auch zeitlich haben wir also in einem Schwarzen Loch keine Ahnung, was vor uns liegt!

Aber zumindest geht es voran! Anders geht es ja auch nicht. In einem Schwarzen Loch können wir uns nur in eine Richtung bewegen, nämlich aufs Zentrum zu. Wir können nicht einmal stillstehen, auch das verbieten die Gesetze der Physik. Wenn man so will, dann ist es also unmöglich, zu spät zu kommen, weil es physikalisch unmöglich ist, auf dem Weg zu trödeln. Wer also vorher, außerhalb des Ereignishorizonts, nicht spät dran war, und es zufällig geschafft hat, nicht zu sterben, der hat gute Chancen, pünktlich zu sein.

Oder auch nicht.

Es könnte auch ganz anders sein. Solange wir keine neue Theorie über Gravitation und Materie haben, eine Theorie, die Relativitätstheorie und Quantenmechanik vereint, haben wir keine Ahnung, was wirklich hinter dem Ereignishorizont vor sich geht. Das heißt nicht, dass jemand, der Ihnen erzählt, da drinnen sei der Himmel voller Einhörner und Feen und Außerirdischer, die alle enorme Zauberkräfte besäßen, die man nur anzuzapfen bräuchte, recht hat. Nur weil man in der Wissenschaft nicht genau Bescheid weiß, heißt das nicht, dass jeder beliebige Quatsch richtig sein kann. Aber Schwarze Löcher sind in dieser Hinsicht wirklich hinterhältig. Einerseits unglaublich kompliziert und voller schräger und unverständlicher Phänomene. Andererseits gehören sie aber auch zu den simpelsten Objekten im Universum. Es gibt genau drei Parameter, die ein Schwarzes Loch von außen betrachtet vollständig charakterisieren: seine Masse, seine elektrische Ladung und sein Drehimpuls. Mehr kann man nicht darüber wissen. Aber es ist viel zu wenig, um etwas über sein Inneres herauszufinden.

Möglicherweise ist alle Information, die in ein Schwarzes Loch gerät, für immer weg. Möglicherweise existieren aber quantenmechanische Prozesse, die die Information vielleicht doch irgendwo in der Struktur des Ereignishorizonts speichern. Und dann müsste, wer im Schwarzen Loch zu spät kommt, unter Umständen damit rechnen, dass der Rest des Universums irgendwann auch davon erfährt. Oder nicht. Fahren Sie deshalb, falls Sie einmal zu einem Schwarzen Loch müssen, sicherheitshalber rechtzeitig los. ✓

26

»Schützen Gummi-
handschuhe an
der Wursttheke
Verkäufer, Wurst
oder Kundschaft?«

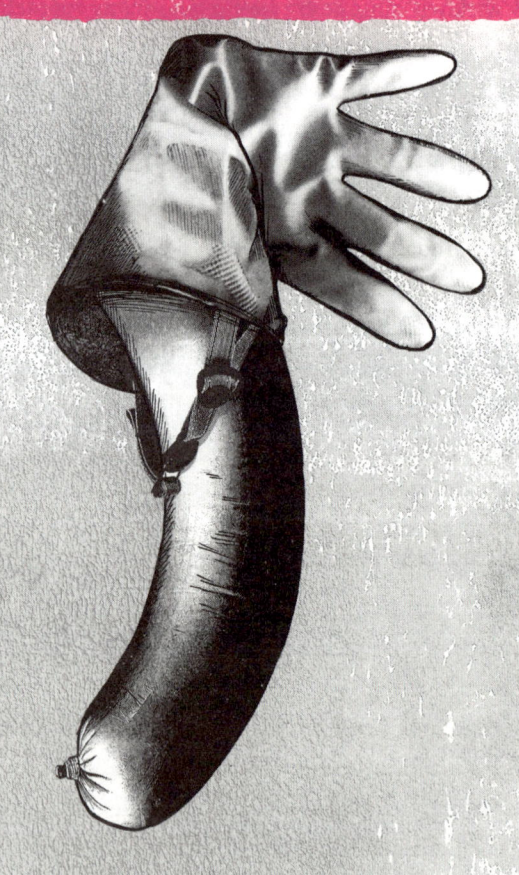

Kurze Antwort:

--→ Schützen ist der falsche Ausdruck. ✓

Lange Antwort:

--→ Das naturwissenschaftliche Verständnis vieler Menschen reicht leider nicht besonders weit, was mitunter auch am Unterricht in der Schule liegt. In Physik steigen viele nach der Mechanik aus, das geht noch, das gilt als etwas, wo man zupacken kann. Deshalb sieht man auch immer wieder Menschen, die elektronische Geräte behandeln wie eine alte Mischmaschine, und glauben, je öfter sie draufklopfen, vielleicht auch mit immer mehr Kraft, desto eher reagiert das Gerät. Und dann landen sie in irgendeinem Submenü ihres Mobiltelefons und müssen andere um Hilfe bitten. In Chemie ist nach der Knallgasreaktion in der Regel Schluss, und aus dem Biologieunterricht bleibt meistens nur hängen, dass man Bakterien töten muss. Sehr grob unterstellt.

Bei Ihnen, liebe Leserin, lieber Leser, verhält es sich selbstverständlich ganz anders, aber Ihre Freunde und Verwandten stehen diesbezüglich auf der Seife. Apropos Seife, und ich hoffe, Sie wissen die Eleganz des Übergangs zu schätzen. Immer öfter sieht man im Supermarkt oder beim Fleischer an der Theke, ja selbst beim Bäcker oder Feinkosthändler, dass das Verkaufspersonal Gummihandschuhe überstreift wie ein Chirurg, bevor es beim Epoisses den Schnitt ansetzt oder den Prosciutto filetiert oder einfach nur ein Mohnweckerl in ein Papiersackerl expediert. Warum machen diese Menschen das? Um sich selber zu schützen oder die Lebensmittel? Oder damit die

Kundschaft keinen Schaden nimmt? Oder alles drei zusammen? Aber warum verwenden sie dann keinen Mundschutz, wenn sie schon Handschuhe anziehen, und warum gibt es für die kalte Platte dann kein Aufwachzimmer?

Um diese Frage beantworten zu können, bitte ich Sie, rund hundert Jahre in die Vergangenheit zu reisen. Noch bis Anfang des 20. Jahrhunderts gehörten Infektionskrankheiten in unseren Breiten zu den Haupttodesursachen. Vor allem Kinder und ältere Menschen fielen pathogenen, also krankheitserregenden Mikroorganismen, zum Opfer. Die durchschnittliche Lebenserwartung in vergangenen Jahrhunderten lag ja nicht deshalb bei so wenigen Jahren, weil niemand alt wurde, sondern weil so viele Menschen jung starben, unter anderem deshalb, weil die Hygienestandards niedrig waren und es keine Maßnahmen gegen bakterielle und virale Infektionen gab.

Heute sind die Standards in vielen Ländern hoch, und es gibt zahlreiche medizinische Mittel gegen Infektionen, aber viele Menschen vergessen, wie schwer und lang der Kampf gegen manche Krankheiten war, und lassen sich oder ihre Kinder deshalb beispielsweise nicht mehr impfen, aus Nachlässigkeit oder weil sie sich als sogenannte Impfgegner aufspielen wollen. Das ist natürlich nicht nur nicht sehr schlau, sondern auch ausgesprochen rücksichtslos, denn man gefährdet nicht nur sich und seinen eigenen Nachwuchs, wenn man auf wichtige Schutzimpfungen verzichtet und Krankheiten deshalb zum Ausbruch einlädt, sondern vor allem auch sämtliche weiteren, vorwiegend sehr kleinen Menschen, die noch zu jung sind, um schon geimpft werden zu können.

Aber nur weil es blöd ist, sich nicht impfen zu lassen, ist es deshalb schon schlau, Handschuhe-Anziehen zu seinem Steckenpferd zu machen? Mit unseren Händen greifen wir fast alles an, wir begreifen die Welt tatsächlich förmlich mit ihnen und haben deshalb auch immer sehr viele Trittbrettfahrer mit dabei. Sich regelmäßig die Hände zu waschen oder etwa beim Lungenfacharzt das Händeschütteln zu unterlassen, stellen deshalb durchaus sinnvolle Maßnahmen dar, um die Ausbreitung von Mikroorganismen zu verlangsamen. Und so auf ein Maß zu reduzieren, mit dem unser Immunsystem fertig werden kann. Das ist nämlich zwar ein toller Hecht, aber manchmal erinnert es uns dennoch daran, dass wir Organismen sind, die Instandhaltungsarbeiten brauchen, die ab und zu umfangreicher ausfallen können, und wenn man in einem Angestelltenverhältnis beschäftigt ist, nennt das der Gesetzgeber Krankenstand. Bis vor wenigen Jahren waren Bakterien bei uns Menschen noch sehr unbeliebt. Dass wir viele von ihnen bei der Herstellung von Lebensmitteln brauchen, wurde großzügig ausgeblendet, wenn wir mit Durchfall und vom Auswischen brennenden Rosetten kaum von der Klobrille gekommen sind. Seit kurzer Zeit wird aber grob gesagt in gute und böse Bakterien unterschieden. Die guten wohnen unter anderem bei uns im Darm und hören auf den Namen Mikrobiom, die bösen wohnen draußen in der Welt, die schlimmsten davon in Spitälern und heißen multiresistente Keime.

Die guten können die unterschiedlichsten Funktionen haben und an den unterschiedlichsten Orten am und im Körper des Menschen beheimatet sein. Sie sind tatsächlich ein Leben lang unsere Freunde. Zumindest die meisten von ihnen: Ohne Darmbakterien wären wir völlig unfähig, unsere Nahrung zu verdauen, und würden verhungern. Bakterien auf unserer Haut bewahren uns vor Kontaminationen, also Besiedelung von anderen, potenziell krankheitserregenden Bakterien, wenn die uns besiedeln wollen, dann ist der Platz in der Regel bereits von unseren Anrainern belegt. Und die verteidigen quasi ihr eigenes Habitat. Unsere Haut ist sozusagen ein Kluburlaubsressort, unsere Bakterien haben schon das Handtuch auf die Liegestühle gelegt, und wenn andere kommen, gibt es Schreiduelle. Wer ist das All-you-can-eat-Buffet in diesem Ressort? Wir selber. Wir haben

mit unseren Bakterien nämlich einen zeitlich befristeten Koopera-
tionsvertrag. Der besagt, dass sie uns nicht fressen, solange wir sie
füttern. Sie sind verlässliche Partner und halten sich ein Leben lang
an die Abmachung, aber nicht ihr Leben lang, sondern unseres. Denn
wenn wir sterben, dann vernachlässigen wir in der Regel die Nah-
rungsaufnahme radikal, das legen uns die Bakterien als Vertrags-
verletzung aus und fressen uns auf. Vor allem die Darmbakterien
bestehen darauf, dass sie den Darm umgehend vertilgen dürfen, wenn
er nicht mehr zur Nahrungsresorption verwendet wird. Jetzt fragen
Sie sich vielleicht: Wenn das die Guten sein sollen, wie schlimm sind
dann die anderen? Die weniger Guten sind für uns tatsächlich deutlich weniger gut, in manchen Fällen ist es sogar ziemlich beängsti-
gend weniger gut, dass einige Bakterien sich kaum noch von Antibiotika beeindrucken lassen, und in vielen Fällen büßen wir Menschen
das mit dem Ende unseres Lebens. Und dann kommen wir, wie gesagt, bei den guten Bakterien auf den Tisch. Trotzdem muss man auch
hier genau sein und wissen, dass es auf den Zustand unseres Immunsystems ankommt, in dem diese Mikroorganismen uns antreffen,
und dass wir multiresistente Keime fast überall finden können. Wenn
wir jedoch beispielsweise mit geschwächtem Immunsystem im
Krankenhaus liegen, dann haben sie leichtes Spiel. Aber auch in der
U-Bahn am Haltegriff oder der Tastatur des Bankomats finden Sie
in geringer Anzahl multiresistente Keime. Und jede Menge anderer
sowieso. Während Sie also etwa die Leberkässemmel zwischen den
Zähnen festklemmen, um 50 Euro aus dem Geldautomaten zu ziehen, damit die Nacht feuchtfröhlich weitergehen kann, laden Sie
zahllose fremde Keime auf Ihre Finger ein, mit denen Sie kurz darauf
die Leberkässemmel wieder angreifen, die wenig später zur Gänze
in Ihrem Körper verschwunden sein wird mitsamt allen Bakterien.
Das überleben Sie in der Regel locker und würden niemals auf die
Idee kommen, vor dem Geldabheben Gummihandschuhe überzu-

streifen oder nur behandschuht U-Bahn zu fahren. Warum aber verlangen immer mehr Menschen vom Personal an Frischetheken für Käse, Fleisch, Wurst und Gebäck, dass es dünne Einweghandschuhe aus Latex, Vinyl, Polyethylen oder Nitril trägt? Mittlerweile sind sie auch in den Modefarben Lila und Schwarz erhältlich, Sie können also vermutlich bald wählen, mit welcher Schmuckfarbe Ihr Kotelett verkaufsfertig gemacht wird. Vielleicht sogar, dass zwischen Rind und Schwein der Farbton gewechselt wird, denn was bei Kinesio-Tapes recht ist, wird an der Fleischtheke wohl billig sein dürfen. Eventuell kommen, je nach Nachfrage, bald auch Glitzer und Pailletten dazu.

Was dürfen Sie sich davon erwarten? Hands-on skills der besonderen Art. Gummihandschuhe bewirken, dass wir auf der Hand darunter eine relativ konstante Temperatur von circa 37 °C haben und das Milieu feucht ist, sofern man die Handschuhe auch lang genug trägt. Also optimale Bedingungen, aber leider nicht, um eine Übertragung von Keimen zu verhindern, sondern um das Bakterienwachstum weiter anzukurbeln. Denn das Temperaturoptimum der meisten Bakterien liegt bei 37 °C, sie lieben ferner feuchte Bedingungen, und die auf der Hautoberfläche befindlichen Kohlehydrate und Proteine, Bestandteile der menschlichen Haut, sind optimale Nahrungsressourcen. Nachdem die Handschuhe auch nicht, wie für Arbeiten im Operationssaal, sterilisiert, sondern mit den Händen aus der Packung gezogen und übergestreift werden, überträgt man die auf den Händen befindlichen Bakterien auch noch auf die Außenseite der Handschuhe. Das heißt, wenn jemand, der den ganzen Tag beim Bedienen an der Wursttheke Handschuhe trägt, diese jeweils lange genug anhat und nur ab und zu wechselt, sorgt er gewissenhaft für maximale Bakterienbelegung an der Innen- und Außenseite.

Studien konnten zeigen, dass das Tragen von Handschuhen die Übertragung von Bakterien keineswegs reduziert. Zudem hat die

Haut eine wichtige Funktion als Schutzbarriere gegen die Umwelt. Durch das ständige Tragen von Gummihandschuhen werden durch das feuchte Milieu Hautschichten aufgeweicht, was bei längerer Anwendung zu Juckreiz, Hautirritationen und im schlimmsten Fall sogar zu Hautkrankheiten führen kann. Selbst wenn man nach jedem Bedienvorgang die Handschuhe wechseln würde, sich zusätzlich dabei immer die Hände wäscht und dann von einem Kollegen oder einer Kollegin die Handschuhe überstreifen lassen würde, hätte das Tragen von Handschuhen an der Wursttheke keinerlei Sinn. Denn es vermittelt nicht nur den Kunden das trügerische Gefühl von Sicherheit, sondern auch den Verkäuferinnen und Verkäufern. Das wiederum birgt die Gefahr, dass diese unsauber zu arbeiten beginnen und die Hygiene vernachlässigen, weil sie ja ohnedies durch Handschuhe geschützt seien. Denn der größte Umschlagplatz für Bakterien ist nicht die Hand oder der Handschuh, sondern das Schneidebrett. Wer also Gummihandschuhe lange genug anhat, spendiert lediglich den Bakterien eine Lokalrunde. Darüber freuen die sich natürlich sehr, die Hersteller der Kunststoffhandschuhe auch, Sie aber nur in dem speziellen Fall, dass Sie als Fetisch »Durchmarsch« im Reisepass stehen haben. ✓

»Kann der Mensch das Klima wandeln?«

Kurze Antwort:

--→ Yes, we can. ✓

Lange Antwort:

--→ Diskussionen über Klimawandel und Erderwärmung sind mitunter ein wenig mit denen über Fußball vergleichbar. Alle kennen sich super aus und sind selbstverständlich die besseren Teamchefs, zumindest vor dem Fernseher, aber wenn man genauer hinsieht, fehlt es oft schon am Einfachsten.

Äußerungen zum Klimawandel und der Rolle von uns Menschen dabei haben unter anderem auch deshalb so einen schweren Stand, weil nicht nur rechtsextreme Politiker und aus dem Ruder gelaufene US-Präsidenten kompletten Unsinn darüber zum Besten geben, sondern auch immer wieder fachfremde Wissenschaftler, von denen die Öffentlichkeit aufgrund ihrer Ausbildung annimmt, sie wüssten, wovon sie sprechen. Aber zum einen sind viele von ihnen Fachidioten im besten Sinne und wissen zwar oft enorm viel, aber vor allem auf einem Spezialgebiet. Und zum anderen gibt es leider auch Exemplare, die einfach gerne in der Öffentlichkeit stehen und dabei nicht viel Wert darauf legen, ob das, was sie sagen, auch wissenschaftlich Hand und Fuß hat. Hauptsache Publicity. Klimaforschung ist aber eine sehr komplizierte Angelegenheit, und deshalb sollte man auch wirklich Experte sein, wenn man sich öffentlich dazu äußert. Und kein Verwaltungsbeamter oder Mathematiker oder Tibetologe oder Neurophysiker oder Schlagersänger. Schaut man sich genauer an, wer am menschengemachten Klimawandel zweifelt, so handelt es sich fast ausschließlich entweder um Menschen, die wissenschaftlich nicht ausgebildet sind, oder aber um Wissenschaftlerinnen und Wissenschaftler, die nur wenig Ahnung von Klimaforschung haben. Denn befragt man Fachleute, dann sind die Auskünfte ausgesprochen eindeutig. Wir wissen, dass sich die Menge an CO_2 in der Atmosphäre erhöht, das können wir messen und tun es seit Jahrzehnten auch. Seit der industriellen Revolution im 18. Jahrhundert führen wir der Lufthülle große Mengen an Kohlendioxid zu, das dort normalerweise nicht hinkäme. Deshalb steigt die CO_2-Konzentration, was erwartungsgemäß zu einer Erwärmung der Erde führt.

Nur warum sollte das bisschen CO_2, das wir Menschen gemessen an der Gesamtmenge freisetzen, entscheidenden Einfluss haben? Kohlendioxid macht überhaupt nur einen geringen Anteil der Erdatmosphäre aus, die Konzentration liegt bei etwa 0,04 Prozent. Verschwindend wenig. Den Löwenanteil der etwa 830 Milliarden Tonnen Kohlendioxid bestreiten nicht wir Menschen, sondern die Verrottung von organischem Material, die Verwitterung von Gestein, Vulkanismus und dergleichen mehr. Wir Menschen sind nur für 41 Milliarden Tonnen Kohlendioxid pro Jahr verantwortlich, gerade einmal fünf Prozent dessen, was die Natur ganz von selbst tut, und zwar dauernd. Und darüber sollen wir uns aufregen und dafür schuldig fühlen? Ja, und zwar gleich aus zwei Gründen. Zum einen ist es fast so etwas wie ein Marketingtrick der sogenannten Klimaskeptiker, zu sagen, der Anteil des Menschen am CO_2-Ausstoß wäre minimal. Denn um wenig handelt es sich nur bei einem unsinnigen Vergleich. De facto ist es überhaupt nicht wenig, man muss nur richtig schauen. Zwischen Atmosphäre, Biosphäre und Ozean zirkuliert ständig eine Unmenge an Molekülen, vor allem gasförmigen. Diese Menge war seit Jahrtausenden stabil und auch die Konzentration. Der Anteil von CO_2 an dieser Unmenge ist tatsächlich gering, aber die Menge an CO_2, die wir in den letzten Jahrzehnten in die Luft geblasen haben, ist gewaltig. Wenn Sie in Ihrem Garten einen gut gefüllten Swimming-pool stehen haben, dann ist die Menge an Wasser, die die Umwälz-pumpe dauernd bewältigen muss und für die sie ausgelegt ist, enorm.

Wenn Sie jetzt aber noch mit einem Gartenschlauch Wasser dazu-füllen, ist das zwar vielleicht vergleichsweise wenig. Aber es kommt was dazu, was vorher nicht da war, und deshalb steigt der Wasser-spiegel, und die Umwälzpumpe ist dadurch irgendwann vermutlich überfordert. Und das ist auch das Problem beim vom Menschen verursachten CO_2-Ausstoß; insgesamt ist er zwar klein, aber von dem, was dazukommt, stellt er den Löwenanteil. Weit mehr als der entsprechende Zufluss aus Vulkanaktivität. Wir entnehmen der Erd-kruste jährlich so viel fossilen Kohlenstoff, wie sich in einer Million Jahre abgelagert hat. Damit haben wir die Gesamtmenge an CO_2 in der Luft in nur 150 Jahren bereits um 45 Prozent erhöht. Das ist ge-messen an dem, was davor üblich war, eine gewaltige Menge, und ein höherer Anstieg als zuvor in 3 Millionen Jahren. Und deshalb ist es, wenn man sagt, der Mensch ist nur für wenig CO_2 verant-wortlich, in der Regel bewusste Täuschung der Klimaleugner oder einfach nur Ahnungslosigkeit.

Und zum anderen liegt das Problem im verschobenen Gleichge-wicht. Wenn Sie auf einem Bein stehen, das andere aber angehoben haben, um sich die Schuhbänder zu binden, dann reicht ein kleiner Schubs und Sie fallen um. Das ist ein sehr beliebter Spaß in der Schu-le, vor allem wenn man in Richtung Standbein schubst, wodurch der Wankende schauen muss, nicht völlig zu kippen. Falls Sie das nicht kennen, probieren Sie es aus, es kann ausgesprochen vergnüglich sein für alle Beteiligten. Im Gegensatz zu einem kippenden Kohlen-stoffkreislauf. Der normale Kohlenstoffkreislauf führt grob gesagt dazu, dass Kohlenstoff und Kohlendioxid auf natürlichem Weg wie-der aus der Atmosphäre entfernt werden. Pflanzen nehmen CO_2 auf und binden es in der Biomasse. Es wird im Gestein gebunden und auch im Wasser der Meere. Kohlendioxid wird also zwar freigesetzt, aber auch wieder gebunden. Und so hat sich ein Gleichgewicht eingestellt, das wir Menschen, auch wenn wir im Vergleich zur Natur tatsächlich nur sehr wenig Kohlendioxid produzieren, stören, weil wir Kohlendioxid produzieren, das im Kreislauf nicht vorgesehen ist. Wer im Monat eine Million Euro verdient, kann sich freuen, muss er aber genauso viel wieder abgeben, ist die Freude zwar getrübt, aber noch kein Malheur passiert. Er bilanziert ausgeglichen. Leistet man sich darüber hinaus aber regelmäßig eine Kleinigkeit, eine Flasche Wein oder ein Lego-Set oder einen Lippenstift für 25 Euro, dann macht man Schulden. Erst nicht viel, aber sie wachsen unerbittlich, bis irgendwann der Überziehungsrahmen ausgereizt ist. Dann bekommt man kein Geld mehr, dafür aber Probleme. Kein besonders guter Tausch, wenn Sie mich fragen.

Ein überzogenes Konto lässt sich vergleichsweise leicht ausgleichen. Ein außer Kontrolle geratener Kohlenstoffzyklus eher nicht. Die Vorgänge dabei sind nicht nur sehr komplex, sondern blöderweise auch noch selbstverstärkend. Quasi wer den Schaden hat, braucht für den Spott nicht zu sorgen. Die Menge an Kohlendioxid, die vom Ozean gebunden werden kann, hängt etwa auch von der Temperatur des Wassers ab. Und von der Menge an Kohlendioxid, das gebunden drin ist. Wenn oberhalb der Meeresoberfläche rassistische Politiker behaupten, sogenannte Mittelmeerrouten müssen geschlossen werden, weil das Boot vermeintlich voll sei, so übersehen dieselben gerne, dass es darunter tatsächlich so sein kann. Denn wenn sich die Erde weiter erwärmt, kann dadurch automatisch auch weniger Kohlendioxid in den Meeren aufgenommen werden. Die Ozeane wären natürlich groß genug, da hätte noch jede Menge CO_2 Platz, aber der limitierende Faktor ist hier die Geschwindigkeit, mit der Kohlenstoff in die Tiefsee hinunterkommt. Da wäre noch ausreichend Stauraum, während im oberen Ozean die CO_2-Konzentration deutlich steigt. Dadurch wird die Erde noch wärmer, weil das CO_2 in der Atmosphäre ja den Treibhauseffekt anfeuert. Dazu kommt noch jede Menge Kohlendioxid, das bislang in den ständig gefrorenen Böden der heute noch kalten Regionen des Planeten gebunden ist. Ungefähr doppelt so viel, wie in der Erdatmosphäre schon ist, lagert dort und würde unter normalen Umständen auch gerne dort bleiben. Okay, ob es gerne oder nur widerwillig bliebe, wissen wir nicht, aber es bliebe. Wenn es wärmer wird, dann kann sich das Eis aber auch nicht ewig gegen das Auftauen wehren, das CO_2 fühlt sich irgendwann ungebunden und gesellt sich zur Atmosphäre, es wird noch wärmer. Und das war erst das CO_2. Wird die Atmosphäre wärmer, kann sie auch mehr Wasserdampf aufnehmen, ebenso ein erstklassiges Treibhausgas, das mithilft, die Temperatur weiter zu steigern. Da capo al fine.

Warum haut das CO_2 aber dann nicht gleich ins Weltall ab, wenn es nicht mehr auf der Erde bleiben will? »Dann geh doch rüber«, ist man versucht zu rufen, »und lass uns mit deinem Treibhauseffekt in Ruhe!« Dazu muss man festhalten, dass es grundsätzlich gut für uns ist, dass es den Treibhauseffekt gibt. Sonst wäre es auf der Erde so kalt wie auf dem Mars, und dass ihn das nicht zu einer beliebten Badeurlaubsdestination macht, haben wir in Frage 10 »Wie geht Schöner Wohnen auf dem Mars?« erörtert. Und da hilft das CO_2 zuerst einmal ganz uneigennützig mit, für angenehme Durchschnittstemperaturen zu sorgen. Das Zauberwort dabei: Strahlungsbilanz.

Und die wird folgendermaßen erstellt. Die Erde bekommt Energie von der Sonne und gibt sie auch wieder ab. Und wie bei einer Bilanz vorgeschrieben, dürfen dazwischen nicht einfach ein paar Watt verloren gehen. Außer bei doppelter Buchführung, aber die gibt es zwischen Erde und Sonne nicht. Am oberen Rand der Erde, also an der Lufthülle, kommen von der Sonne 342 Watt pro Quadratmeter. Ein bisschen weniger als ein Drittel davon wird von den Wolken und der

Erdoberfläche gleich ins All reflektiert. Und tschüss. Rund die Hälfte der Energie erreicht tatsächlich die Erdoberfläche, wird absorbiert und erwärmt sie. Den Rest schnupfen die Moleküle in der Atmosphäre, die wollen auch ein bisschen Wärme. Aber das war noch nicht alles! Die Wärme ist nur Gast auf Erden und wird wieder abgegeben. Ein Teil wieder einfach ins All, aber manche Moleküle der Erdatmosphäre können auch die Wärmestrahlung der Erde absorbieren. Das sind die weltberühmten Treibhausgase. Die behalten die Wärme aber nicht, sondern geben sie weiter, aber nicht alles ins All, sondern einen Teil in Richtung Erde. Dieser Treibhauseffekt ist der supere, den wir liken, denn er macht die Erde wärmer, sonst hätten wir eine Durchschnittstemperatur von −18 °C. Und so stellen sich selbst Eistaucher das Paradies nicht vor. Aber den anderen, seinen bösen siamesischen Zwilling, den sollten wir so schnell wie möglich entfreunden, denn der sorgt für die aktuelle Erderwärmung. Die physikalischen Effekte, die bei der Strahlungsbilanz eine Rolle spielen, sind nämlich seit Langem bekannt, und wenn wir nun messen, dass es seit Jahrzehnten wärmer wird, dann muss es einen Grund dafür geben. Irgendetwas in der Strahlungsbilanz muss sich geändert haben. Die Sonne liefert aber nicht mehr Energie, das wissen wir. Die zusätzliche Wärme kommt von den zusätzlichen Treibhausgasen, die wir Menschen der Atmosphäre in den letzten Jahrzehnten ausgegeben haben. Wir haben die Buchhaltung der Strahlungsbilanz gut im Griff und wissen deshalb, dass der Klimawandel menschengemacht ist. Wäre er es nicht, wäre er um keinen Deut harmloser, aber leider können wir die Verantwortung nicht abschieben. Diesmal können nicht einmal wir Österreicher uns auf die Opferrolle herausreden.

Aufzeichnungen zeigen einen klaren Trend der Erwärmung, die jeweils »heißesten Monate seit Beginn der Aufzeichnungen« folgen in immer kürzeren Abständen aufeinander, die Gletscher schmelzen, als hätten sie nichts Besseres zu tun, und die Wetterextreme verstärken sich. Wenn man das Klima am Computer simuliert und dann prüft, in wie vielen Fällen natürliche Schwankungen in dieser Größenordnung einfach so auftreten, ohne dass wer nachhilft, dann bekommt man einen ziemlich guten Eindruck, wie wahrscheinlich es wirklich ist, dass wir nichts damit zu tun haben. Sehr, sehr unwahrscheinlich nämlich. Nur in einem von hunderttausend Fällen ist damit zu rechnen, dass das Klima einfach so, ohne menschliches Zutun durchdreht. Oder anders ausgedrückt: Wir können uns zu 99,999 Prozent sicher sein, dass wir für den Klimawandel verantwortlich sind. Dagegen gibt es bislang keine sinnvolle, wissenschaftliche Erklärung, wie die Unmengen an CO_2, die wir unbestreitbar in die Atmosphäre entlassen, nicht zu einem Treibhauseffekt führen können.

»Aber früher hat sich das Klima ja ganz von selber geändert, ohne Menschen, hat es das verlernt, der blöde Faulpelz, oder was?!?!«, könnte man einwenden. Das stimmt. Also, vielleicht nicht, dass es sich beim Klima um einen blöden Faulpelz handelt, aber dass es sich im Lauf der Jahrhunderttausende immer wieder geändert hat. Wie auch nicht, beim Klima handelt es sich um ein dynamisches System, und es liegt in der Natur der Dynamik, dass sie nicht gleich bleibt. Sonst wäre sie keine. Eine solche Veränderung beschreiben die berühmten Milanković-Zyklen, benannt nach dem serbischen Mathematiker Milutin Milanković (den man je nach Lust und Laune auch Milankovic, Milankovich, Milankovitch oder Milankowitsch schreiben kann). Die Bahn der Erde um die Sonne ändert sich im Lauf der Jahrhunderttausende ein wenig, und gleichzeitig schwankt die Erdachse in ebenso langen Zeiträumen aufgrund gravitativer Einflüsse anderer Planeten leicht hin und her.

Das führt dazu, und das hat Milanković in den 1920er Jahren herausgefunden, dass sich während dieser langen Zeiträume auch die

Menge an Sonnenenergie ändert, die die Erde erreicht. Deswegen gibt es Eiszeiten und Warmzeiten. Die Milanković-Zyklen* sorgen für langfristige Klimaänderungen auf der Erde, aber nicht für kurzfristige. Das ist die Domäne des Menschen. Die Sonne selber kann übrigens nichts dafür. Weder für die im Rahmen dieser Zyklen vorenthaltene Wärmemenge noch überhaupt. Ihre schwankende Aktivität, die gerne ins Treffen geführt wird, hat mit der aktuellen Erwärmung auf der Erde nicht das Geringste zu tun. Würden Sie die Sonne danach fragen, würde sie alles abstreiten. Und zu Recht.

Außerdem sollten wir klären, was Sonnenaktivität eigentlich bedeutet. Und vor allem die Sonnenaktivität nicht mit der Helligkeit, also dem Scheinen des Sterns verwechseln. Die Sonnenaktivität beschreibt alles, was mit der turbulenten Bewegung des Gases zu tun hat, aus dem die Sonne besteht, und den Veränderungen ihres Magnetfeldes. In der Sonne bewegen sich viele elektrisch geladene Teilchen, die dadurch ein Magnetfeld erzeugen. Bewegte elektrische Ladungen werden aber auch von Magnetfeldern beeinflusst. All das führt zu einem sehr komplexen und chaotischen Kuddelmuddel im Inneren der Sonne, bei dem wir uns, ehrlich gesagt, bis heute noch nicht ganz genau auskennen. Aber was wir wissen, lässt sich unter anderem grob so beschreiben: Es brodelt wie in einem Kochtopf, und ab und zu spritzt ein Tropfen auf den Herd. Das, was bei der Sonne spritzt, nennt man Protuberanz oder, wenn es ganz arg kommt, einen koronalen Massenwurf. Das wäre auch eine schöne Beschreibung für den Hauptdarsteller in dem bekannten Witz, in dem ein Mann erst glaubt, eine schöne Brosche gefunden zu haben, die sich beim Aufheben aber als Kettchen entpuppt. Die Stärke der Sonnenaktivität lässt sich an der Zahl der Sonnenflecken ablesen, jene Bereiche

---

* Und auch die ein paar Hundert Millionen Jahre lang dauernden Wilson-Zyklen, die mit der Entstehung und dem Auseinanderbrechen von Superkontinenten zusammenhängen.

auf der Sonnenoberfläche, die durch den Einfluss der Magnetfelder ein wenig kühler sind als ihre Umgebung. Systematische Sonnenfleckenbeobachtung existiert seit dem 19. Jahrhundert, deshalb wissen wir, dass die Sonnenaktivität periodisch stärker und schwächer wird. Ein Zyklus dauert etwa elf Jahre, plus/minus. Das ist ein wichtiger Hinweis darauf, dass die Sonnenaktivität nicht viel mit dem Klima zu tun hat. Denn die Erde wird seit geraumer Zeit einfach immer nur wärmer und nicht alle elf Jahre wärmer und dann wieder kälter.

Die Verbindung von Sonnenaktivität mit Klimawandel, die heute von Klimaleugnern, die sich auch gerne nur als Klimaskeptiker bezeichnen lassen wollen, gern ins Treffen geführt wird, war ursprünglich noch kein Blödmannargument und geht auf den dänischen Physiker Henrik Svensmark zurück. Er hat im Jahr 1997 einen wissenschaftlichen Fachartikel veröffentlicht und darin eine interessante Hypothese vorgestellt. Im Zentrum steht die kosmische Strahlung. Sie besteht aus verschiedenen Teilchen, hauptsächlich Protonen und Elektronen, die von der Sonne ins All geschleudert werden, aber ebenso von anderen Sternen, von Supernova-Explosionen, und selbst aus der Umgebung supermassereicher Schwarzer Löcher in den Zentren anderer Galaxien erreichen uns Teilchen der kosmischen Strahlung. Die Menge dieser Teilchen, die auf die Erde treffen, verändert sich im Lauf der Zeit. Unter anderem aufgrund der Aktivität der Sonne. Denn ist die Sonne besonders aktiv, ist auch der Sonnenwind stärker. Wind bedeutet in dem Fall aber nicht Luftströmung, sondern eben genau der Strom aus Teilchen, den die Sonne dank ihrer Aktivität ins All verabschiedet. Ist der Sonnenwind stark, hindert er die kosmische Strahlung, die von außerhalb des Sonnensystems kommt, daran, in die Nähe der Erde zu gelangen. Das ist einerseits gut, weil starker Sonnenwind für mehr Polarlichter sorgt, die wirklich wunderschön anzusehen sind, aber auch schlecht, weil die Teilchen der auswärtigen kosmischen Strahlung in der Erdatmosphäre aus Wasserdampf Wolken erzeugen können. Dafür braucht man, wie wir aus Frage 3 »Kann man das Wetter manipulieren?« wissen, Kondensationskerne – Staubteilchen oder Pollen oder Rußpartikel oder Bakterien –, und wenn die kosmische Strahlung auf diese Herrschaften trifft, können sie dadurch ionisiert werden. Ionisieren bewirkt eine Änderung der elektrischen Ladung, was die Wolkenbildung verstärkt und erleichtert. Mehr kosmische Strahlung macht mehr Wolken, meinte Svensmark, und die Dichte der Wolkendecke hat natürlich Auswirkungen auf das Klima.

Im Gegensatz zu vielen anderen Aussagen zum Klimawandel war Svensmarks Hypothese kein pseudowissenschaftlicher Unsinn, sondern prinzipiell physikalisch möglich. Tatsächlich gibt es diesen Zusammenhang auch, aber der Einfluss auf unser Klima ist so klein, dass er die aktuelle Erwärmung nicht einmal ansatzweise erklärt. Man kann der Sonne an vielen Dingen die Schuld geben – Sonnenbrand, Sonnenwunder, Sommerhits –, aber an der aktuellen globalen Erwärmung ist sie so gut wie unschuldig. Wenn sie scheint, gibt es Schönwetter, wenn wir sie nicht sehen, denn Scheinen tut sie immer, dann gilt das Wetter als schlecht. Wobei Wetter mit Klima nicht so viel zu tun hat, wie manche vielleicht meinen. Nicht nur weil es sich um zwei völlig unterschiedliche Wörter handelt, die nicht einmal einen gemeinsamen Buchstaben teilen, sondern weil damit zwei ganz unterschiedliche Phänomene bezeichnet werden.

Wenn es heute kalt ist, liegt es am Wetter, ist es eine Million Jahre lang kalt, am Klima. Klima beschreibt das langfristige Verhalten des Wetters, wenn Sie so wollen. Wetter ist der momentane Zustand der Erdatmosphäre. In Mitteleuropa wird es im Sommer auch mittelfristig immer noch wärmer sein als im Winter, egal was die Erderwärmung so treibt. Wenn aber die Winter im Durchschnitt immer weniger kalt und die Sommer immer heißer werden, dann hat das mit dem Klima zu tun. Warum manche Menschen die beiden trotzdem miteinander verwechseln, ist schwer zu sagen. Vielleicht, weil wir das Wetter direkt spüren können. Wer an einem kalten Wintertag vor die Haustüre tritt, denkt sich vielleicht: »Hui – das ist aber kalt heute!« Zumindest, wenn er auf Deutsch denkt. Es steht aber niemand auf der Straße und denkt sich: »Pfuh! Das war aber jetzt ein heißes Jahrtausend! Ich hoffe, das nächste wird ein wenig frischer.« Kurzfristig mögen Temperaturen schwanken, und kalte Winter und gemäßigte Sommer wird es auch weiterhin ab und zu geben. Aber langfristig wird es wärmer. Und langfristig ist das, was man beim Klima berücksichtigen muss. Zu behaupten, der Klimawandel sei nicht so schlimm, weil vor der Tür gerade ein Schneesturm tobe, ist vergleichbar mit der Bemerkung nach Verzehr einer doppelten Portion Schnitzel mit Pommes frites, dass das mit dem Hunger auf der Welt nicht so arg sein könne. Das ist ungefähr so schlau, wie zu behaupten, die Gletscherschmelze sei ohne Bedeutung. Denn wenn man möchte, kann man ziemlich leicht herausfinden, dass das leider überhaupt nicht stimmt.

Wer meint, dass nicht viel passiere, wenn Eis schmilzt, hat vermutlich nur sehr wenig Ahnung von den Zusammenhängen zwischen Eis, Klima und Ozean. Eis kennen wir auch aus unserem Alltag. Es bleibt, zumindest im Rahmen seiner Möglichkeiten, dort, wo es ist. Wird es allerdings flüssig, macht es das, was flüssiges Eis gemeinhin macht, es fließt und nennt sich dabei Wasser. Bei Kontinentaleis, also dem in der Antarktis und in Grönland, verhält es sich etwas anders. Das schmilzt nicht und fließt dann ins Meer, dafür wäre es am Südpol viel zu kalt, sondern Gletscher bewegen sich dauernd. Das ruiniert die Eisschelfe. Darunter versteht man große Eisplatten, die auf dem Meer schwimmen, aber von Gletschern dahinter versorgt werden. Ab und zu bricht deshalb ein Stück am äußersten Rand ab und schwimmt ins Meer, was als Kalben Karriere gemacht hat und immer wieder einmal am Ende einer Nachrichtensendung für versöhnliche Abschlussbilder sorgt. Weil durch die erhöhten Temperaturen diese Schelfe schneller kaputt werden, fließt das Kontinentaleis dahinter schneller ins Meer, es brechen also öfter riesige Stücke ab, treiben im Meer und schmelzen dann auch irgendwann.

Anfangs freut sich das Meer vielleicht noch über den seltenen Besuch, aber irgendwann wird der Platz eng dort, wo es jetzt ist, und es macht sich auf den Weg die Strände und Küsten hinauf. Was es bei Erwärmung übrigens auch machen würde, gäbe es gar kein Eis auf der Erde. Denn warme Objekte dehnen sich aus, das gilt auch für Wasser. Wärmeres Wasser braucht somit mehr Platz als kaltes Wasser, was als »Thermische Expansion« bekannt ist. Die allein kann schon für erhöhten Meeresspiegel sorgen, aber was die Thermische Expansion veranstaltet, ist Kinderkram gegen das, was passiert, wenn Gletscher und Polareis Ernst machen.

Im Fünften Sachstandsbericht des IPCC (Intergovernmental Panel on Climate Change) ist es genau aufgeschlüsselt. Zwischen 1993 und 2010 stieg der Meeresspiegel pro Jahr um 3 Millimeter. 1,1 dieser Millimeter stammen von der Thermischen Expansion. 0,76 Millimeter haben aber schon die bereits immer kleiner werdenden Gletscher der Erde beigetragen, 0,34 Millimeter stammen vom Ex-Eis aus Grönland, und 0,27 Millimeter sind aus der Antarktis abgeflossen. Dass diese Zahlen zusammen keine 3 Millimeter ergeben, liegt nicht daran, dass sich die Klimawissenschaftler massiv verrechnet haben. Der noch fehlende Rest ist Wasser, das eigentlich ins Meer hätte fließen sollen, aber nicht konnte, etwa weil wir es in Stauseen oder Wasserreservoirs eingesperrt haben. Bei unvermindertem Tempo wird der Meeresspiegel bis zum Jahr 2050 um 32 Zentimeter angestiegen sein, wobei davon nur 9 Zentimeter der Thermischen Expansion zu verdanken sein werden, 8 Zentimeter kommen von den Gletschern und ganze 15 Zentimeter Anstieg vom schwindenden

Arktis-/Antarktiseis. Und sollten irgendwann einmal alle Gletscher dieser Erde verschwunden sein, dann werden sie das Meer um 24 Zentimeter haben ansteigen lassen. Die grönländischen Eismassen schaffen insgesamt 7 Meter, und die Antarktis ist der Gewinner im Meeresspiegelansteigenlassen mit unerreichbaren 60 Metern.

»Dann wird Grönland wieder grün, wie früher, daher ja der Name: Grünland! Man hat dort sogar Wein angebaut!« Wenn dieses Argument in die Diskussion geworfen wird, dann wissen Sie verbindlich, die Talsohle ist erreicht, ähnlich wie beim Wirksamwerden von Godwin's Law. Das besagt, dass früher oder später fast jede Diskussion im Internet bei Hitler landet und sich damit sehr oft ein Weiterdiskutieren erübrigt. Ähnliches gilt fürs Grönland-Argument in Klimawandelgesprächen.

Der Grönland/Grünland-Mythos beginnt mit den isländischen Bauern Erik und Thorgest kurz vor Ende des ersten Jahrtausends. Thorgest hat sich eines Tages eine Schaufel von Erik ausgeliehen, was natürlich auch damals noch nicht ehrenrührig war. Aber er wollte sie behalten. Das stieß auf Unwirschheit des Erstbesitzers. Und statt die Rückgabe erst einmal freundlich einzumahnen, erschlug Erik den Schaufeldieb einfach. Das kam bei seinen Zeitgenossen trotz der rauen Umgangsformen, die den Wikingern nicht ganz zu Unrecht nachgesagt werden, eher nicht so gut an, und Erik wurde verbannt. Er nannte sich nun »Erik der Rote« und machte sich mit ein paar Kumpeln und Schiffen auf den Weg nach Westen, wo er auf die Küste einer großen Insel traf, die er erforschte und besiedelte. Aber allein war es langweilig dort und die Arbeit mühsam, also machte Erik sich daran, neue Siedler auf die Insel zu locken. Er konnte aber nicht nur sehr gut Nachbarn erschlagen, sondern sich auch denken, dass der Claim: »Hey, kommt alle vorbei! Hier ist es arschkalt, es gibt so gut wie nichts als Eis, und wenn ihr euch mal eine Schaufel borgt, schlägt euch der Chef mausetot!« sich als Werbeslogan nur bedingt eignet. Also schärfte Erik seine PR-Fähigkeiten, als er, wie im isländischen »Landnámabók« aufgezeichnet, feststellte: »Die Leute gehen lieber dahin, wenn das Land einen schönen Namen hat, also nannte ich es grünes Land.«

Das ist nicht weiter verwunderlich, denn wer schon in Island, also dem »Eisland« wohnt, kann durchaus in Versuchung geraten, in ein grünes Land, also »Grönland« auszuwandern. Das taten dann auch einige, und bis zum Ende des Mittelalters gab es in Grönland ein paar mäßig erfolgreiche Wikingersiedlungen. Grüne Wiesen, wogende Weizenfelder und lauschige Weingärten haben die Nordmänner und -frauen dort allerdings sicher nicht vorgefunden. Grönland war damals wie heute eine ungemütliche und vereiste Insel mit nur ganz wenigen urbaren Landstrichen.

Was es tatsächlich gab, war die sogenannte mittelalterliche Warmzeit. Zwischen 900 und 1400 war es ein bisschen wärmer als zuvor und danach. Warum das so war, ist noch nicht abschließend geklärt, vielleicht aufgrund sich verändernder Ozeanströmungen, vielleicht auch, weil es in der Zeit vergleichsweise wenig starke Vulkanausbrüche gab, die mit ihren Aerosolen die Sonneneinstrahlung verringern hätten können. Was man aber schon genau weiß, ist, dass es sich dabei keineswegs um ein einheitliches, globales Phänomen gehandelt hat. In manchen Gegenden war es ein wenig wärmer als sonst, anderswo wieder eher kühl, und in manchen Regionen ist gar nichts Auffälliges passiert. In Grönland war es damals vermutlich tatsächlich ein wenig wärmer also sonst, was den Wikingern ein paar Hundert Jahre die Arbeit ein wenig erleichtert hat. An der südlichen Küste war es sogar möglich, im Sommer Getreide anzubauen, und man musste nicht immer drinnen in der Hütte am Feuer sitzen, sondern nur sehr, sehr oft. Arschkalt war es trotzdem, und der überwiegende Teil der Insel war, so wie immer, komplett von Eis bedeckt. Und an Weinanbau natürlich auch nie zu denken, ein grönländischer Cuvée war damals wie heute eine botanische Unmöglichkeit. Dass Grönland tatsächlich schon sehr lange nicht mehr eisfrei war, ist keine Meinung, die man auch haben kann, sondern durch entsprechende wissenschaftliche Untersuchungen belegt. Forscherteams haben tief in das Eis der Insel gebohrt und nachgesehen. Dabei haben sie entdeckt, dass Grönland tatsächlich einmal grün war. Aber nicht grün, wie saftige Almwiesen es sind, auf denen Milka-Kühe stehen, oder wie in vollem Ornat prangende Weingärten, sondern »grün« im Sinne einer Tundra des heutigen Alaska. Und vor allem war diese Phase vor 2,5 Millionen Jahren. Wenn es damals Wein anbauende Wikinger gab oder wikingernde Weinbauern, dann ist davon zumindest in den Eisbohrkernen nicht das Geringste überliefert. Denn seit es Menschen auf diesem Planeten gibt, die nachweislich wissen, was Wein ist, war Grönland immer der denkbar schlechteste Platz, um ihn dort anzubauen.

Wer heute erzählt, dass es in Grönland im Mittelalter kuschelig warm und eisfrei war, die Wikinger dort Wein angebaut haben, was eindeutig zeige, dass das Klima sich halt dauernd ändert, egal was wir tun, der macht etwas eigentlich sehr Modernes, das gleichzeitig so alt ist wie die Menschheit. Er lügt sich die Wirklichkeit zurecht, verbreitet also Fake News. Aber nicht nur das, er verbreitet ein paar jahrhundertealte Fake News, die Erik der Rote, hätte es den Dienst damals schon gegeben, vielleicht sogar getwittert hätte. ✓

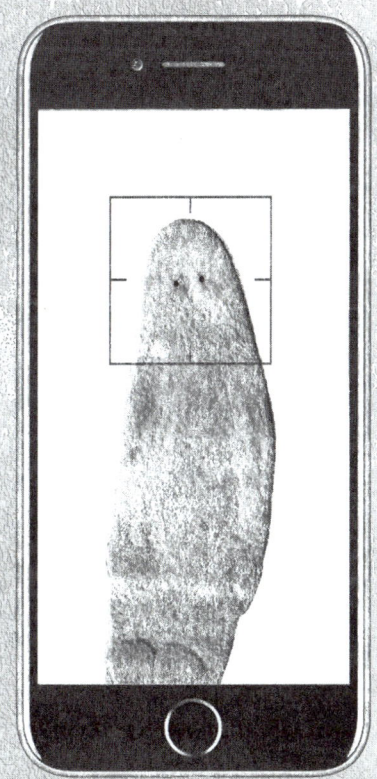

»Warum sollte man Selfie und Selfing nicht verwechseln?«

Kurze Antwort:

--→ Weil man sonst im Kopf hat, was man zuvor in den Beinen hatte.

Lange Antwort:

--→ Am 13. September 2002 postete ein Australier ein unscharfes Bild seiner geplatzten Unterlippe in einem Internetforum. Zusätzlich versehen mit dem Text, dass er sturzbetrunken auf einer Geburtstagsfeier gestolpert und mit dem Gesicht voran auf einer Stiege gelandet war. Außerdem entschuldigte er sich für die schlechte Qualität des Fotos und rechtfertigte sie damit, dass es ein Selfie sei. Niemand konnte damals ahnen, dass es sich dabei um ein historisches Ereignis handelte, nämlich die erste schriftlich dokumentierte Verwendung des Wortes »Selfie«. Und lange Zeit war es fast allen Menschen auch aus guten Gründen völlig egal. Viele Jahre mussten vergehen, bis es bei Selbstporträts zur Norm wurde, sein Telefon auf eine Teleskop-Stange zu montieren und den Mund zu einem Entenschnabel zu formen.

Obwohl man das Foto des Australiers heutzutage als »Drelfie« *(drunk selfie)* bezeichnen würde, wurde »Selfie« aufgrund seiner Beliebtheit vom Oxford Dictionary zum »Wort des Jahres 2013« erklärt. Eine unverantwortliche Verharmlosung, glaubt man den Recherchen des *Telegraph*, laut denen 2015 mindestens 27 Menschen bei Selfie-Versuchen ums Leben gekommen sind. Zum Vergleich, pro Jahr sterben etwa acht Menschen an Hai-Attacken. Von Unterwasser-Selfies mit Haifischen ist nach dieser Logik strengstens abzuraten. In Wirklichkeit sind die Leute aber nicht durch Selfies gestorben,

sondern weil sie nicht aufgepasst haben und ein hohes Risiko einge-
gangen sind. Aber wozu? Der Reiz eines Selfies liegt darin, zu jedem
Zeitpunkt volle Kontrolle über die Bildkomposition zu haben, was
nicht der Fall ist, wenn jemand anderer das Bild macht oder ein alt-
modischer Selbstauslöser verwendet wird. Ein Selfie ist deshalb besonders gut geeignet, um die eigene Herrlichkeit zu zelebrieren, was,
bewusst oder unbewusst, oft einem biologischen Ziel dient: Sex.

Andere Tiere überspringen das Selfie als aufwendigen Paarungs-
Zwischenschritt und nehmen die Sache selbst in die Hand, indem
sie, wenn keiner hinsieht, Selfing betreiben. Das klingt ungezogen,
ist für Plattwürmer aber noch der katholischste Fortpflanzungsmo-
dus. Wenn Ihnen *50 Shades of Grey* gefallen hat, ist Ihr Spirit Animal
eindeutig ein Plattwurm. Die Tiere sind Zwitter, verfügen also sowohl
über männliche als auch weibliche Geschlechtsorgane. Das hat den
Vorteil, dass es keine Lohnschere zwischen den Geschlechtern gibt,
dafür müssen die Tiere erst ausfechten, wer am Muttertag ein Geschenk bekommt. Und zwar im wahrsten Sinne des Wortes. Der
Fachterminus für das Liebesspiel der Tiere lautet »Penisfechten«.
Burschenschaftler sind also nicht die Einzigen im Tierreich, die ihre
hierarchische Ordnung festlegen, indem sie Mensuren schlagen.

Beim Penisfechten treten jeweils zwei Plattwürmer gegeneinander
an und versuchen die Haut des Gegenübers mit ihrem Penis, der oft
aussieht wie ein zweiköpfiger Dolch, zu durchbohren. Wem diese
Besamung, die auch »traumatische Befruchtung« genannt wird,
gelingt, wird stolzer Vater, während das angestochene Tier die Mut-
terrolle übernimmt. Dabei ist es nebensächlich, wo am Körper das
»Wurmloch« gestochen wird, da die Samen innerhalb des Tieres zu
den weiblichen Geschlechtsorganen wandern. Ein Sonderling unter den Plattwürmern ist der mikroskopisch kleine *Macrostomum
hystrix*. An seinem Kopf befinden sich zwei punktförmige schwarze
Augen, Hoden und Eierstöcke sind in der Körpermitte anzutreffen,

und der Penis ist am Hinterteil versteckt. Der transparente Körper der Tiere macht es sehr einfach zu erkennen, dass sich die meisten Samenzellen nach der Paarung im hinteren Ende der Tiere befinden. Das ist ihnen von allen Einstichs-Möglichkeiten scheinbar die liebste.

Aber was machen Plattwürmer, die bei der Partnersuche erfolglos sind? Das haben Zoologen der Universitäten Basel und Bielefeld 2015 herausgefunden. Sie hielten *M. hystrix* einen Monat lang in Einzelhaft. Auch am Wochenende und ohne Besuchsrecht. Danach sahen sie sich die einsamen Würmer genau an und fanden tatsächlich auch in ihrem Körper Samenzellen. Allerdings nicht im Hinterteil, sondern in ihren Köpfen. Die Forscher hatten nachgewiesen, dass einsame *M. hystrix* Selfing betreiben. Die Tiere injizieren ihre Samen in den eigenen Kopf. »Uns Menschen erscheint dies eher abartig«, befinden die Autoren der Studie, »aber für diese Plattwürmer ist es die beste Methode, um sich fortzupflanzen, wenn sie keinen Partner finden.«

Den Befund der Abartigkeit muss man nicht teilen, denn Samen in den Kopf zu injizieren ist auch bei uns Menschen keineswegs selten und sehr beliebt, allerdings ist man in der Regel dabei nicht allein und zeugt genau dadurch keine Nachkommen. Beim Plattwurm hingegen begeben sich die Spermien nach der kapitalen Einbringung auf Wanderschaft zu den weiblichen Geschlechtsorganen. Gelingt das, bringt der Wurm kleine Würmer zur Welt, und vorbei ist es mit der Einsamkeit. Man sagt dazu Selbstbefruchtung, könnte aber auch von Hirnwichserei sprechen. Warum gerade der Kopf herhalten muss, hat anatomische Gründe. Der Penis befindet sich am hinteren Ende des Wurmes, womit er den Kopf angenehm erreichen kann, ohne sich zu sehr verrenken zu müssen. Eine neue Figur bei der nächsten Weltmeisterschaft im Bodenturnen ist aber dennoch eher nicht zu erwarten. Wäre das eine Alternative für Tinder-frustrierte

Katzenliebhaber oder -liebhaberinnen? Wohl kaum, denn Selfing kommt nicht ohne Preis. Weil es der Herrgott nicht gerne sieht? Nein, sondern vor allem, weil man es als Hardcore-Variante von Inzucht bezeichnen kann. Würmer, die durch traumatische Befruchtung entstanden sind, haben von fast jedem Gen zwei Kopien: eine von dem Wurm, der gestochen hat (Vater), und eine von dem, der gestochen wurde (Mutter). Ist eines der Gene defekt, gibt es deshalb immer noch eine zweite Kopie vom anderen Elternteil, die vermutlich funktionsfähig ist. Das ist nicht immer der Fall bei Würmern, die durch Selfing entstanden sind. Dabei muss nämlich ein Elternwurm zuerst auf eigene Faust Samen- und Eizellen produzieren. Dazu wird das genetische Material einer Zelle zufällig halbiert, sodass von jedem Gen nur noch eine Kopie vorhanden ist. Bringt man so eine Samenzelle mit einer Eizelle desselben Wurms zusammen, wie es beim Selfing der Fall ist, kann es deshalb passieren, dass die gleiche, kaputte Version eines Gens plötzlich zweimal vorhanden ist. Ein Nachteil beim Selfing ist also, dass die genetische Vielfalt des Nachwuchses reduziert wird und schadhafte Gene leichter zu negativen Konsequenzen führen können, weil das Back-up fehlt.

Andererseits hat es auch Vorteile, sich die eigenen Samen in den Kopf zu injizieren, zum Beispiel, dass man in der Pubertät keinen Schnupfen vortäuschen muss, um die vielen Taschentücher zu erklären. Selfing bleibt trotzdem auch für *M. hystrix* nur eine Notlösung: für einsame Stunden oder wenn der Penisfecht-Partner gerade Kopfweh hat. ✓

29

»Warum ist Urin gelb und Kot braun?«

Kurze Antwort:

--→ Welche Farben wären Ihnen lieber? ✓

Lange Antwort:

--→ Zur Wiedereröffnung der Weimarer Schaubühne im Oktober 1798 ließ Friedrich Schiller den extra angefertigten Prolog zu *Wallensteins Lager* mit den berühmten Worten enden: »Ernst ist das Leben, heiter ist die Kunst.« Sein Koautor, der Volksmund, hat irgendwann dichtend ergänzt: »Den möcht' ich sehen, der beim Scheißen nicht brunzt.«

So ist er, der Volksmund, weg vom Abstrakten, hin zum Handfesten. Und deshalb auch so viel beliebter als die Wissenschaft. Wenn man die Zeit auf der Toilette nutzen möchte und Lektüre vergessen hat, kann man tatsächlich überprüfen, ob es stimmt, dass Urin und Kot eine gewisse Gleichzeitigkeit aufweisen während des Stuhlganges. Dazu braucht man keine Ethikkommission, denn Experimente an sich selbst sind in der Wissenschaft ohne Weiteres erlaubt.

Es dauert allerdings nicht lange, das Ergebnis stellt sich schnell ein und man braucht nur kurz, um die Daten auszuwerten. Wenn noch Zeit bleibt bis zum Verlassen des Abtritts, kann man sich fragen, warum der eben exilierte Urin eigentlich so gut wie immer gelb gefärbt den Körper verlässt, während sein feststofflicher Verwandter in verschiedenen Brauntönen imponiert. Tatsächlich ist es aber natürlich nicht selbstverständlich, dass unsere Ausscheidungsprodukte in der Regel monochrom den Verdauungtrakt verlassen. Unser Essen weist nämlich vor dem Verzehr eine herrliche Farbenvielfalt auf, aber anders als das mystische Einhorn in der Werbung für Toiletten-schemel schaffen wir es nicht, diese Farbenpracht auf dem Weg durch unseren Körper zu konservieren und der Welt einen regenbogenfar-bigen Kothaufen zu schenken. Das liegt vor allem daran, dass natür-lich vorkommende pflanzliche und tierische Farbstoffe, sogenannte Pigmente, im Körper verwertet und abgebaut werden. Wir wären schön blöd, wenn wir sie immer neu zuführten, statt sie wiederzu-verwerten und so Energie zu sparen. Deshalb sind nicht die Farb-stoffe unserer Nahrung für die Schmuckfarben von Harn und Fäzes verantwortlich, sondern unser Blut. Denn sonst könnten die Aus-scheidungen genauso gut durchsichtig oder grün oder gesprenkelt sein. Grundsätzlich muss man davon ausgehen, dass unser Körper nur mit den Rohstoffen arbeiten kann, die ihm zur Verfügung stehen. Im Körper befinden sich jede Menge Erythrozyten, besser bekannt als rote Blutkörperchen. Sie sind in den Blutgefäßen für den Sauer-stofftransport verantwortlich. Damit das gelingt, wird Sauerstoff an ein eisenhaltiges Protein, genannt Hämoglobin, gebunden. Das wiederum sorgt unter anderem auch für die rote Farbe des Blutes.

Wir haben etwa 4,5 bis 5,5 Millionen rote Blutkörperchen pro µl Blut vorzuweisen, also pro tausendstel Milliliter. Weil sie Wartung ablehnen und nicht regelmäßig beim Service vorbeischauen, leben sie nur 100–120 Tage und müssen ständig nachgebildet werden. Das ergibt eine tägliche Umsatzrate von 200–250 Milliarden roten Blutkörperchen. Würden die kaputten am Ende ihres Arbeitslebens, denn nur dafür sind sie da, Freizeit ist ihnen fremd, einfach mit dem Kot ausgeschieden, würden wir zwar auch keinen Regenbogen hinlegen können, aber zumindest den Stuhl rot färben. In der Regel ist er aber braun, weil Erythrozyten vor der Verabschiedung in die Kanalisation noch ausgebeint werden; denn das Eisen, das sie be-inhalten, können wir auch weiterhin gut brauchen, das nehmen wir ihnen wieder weg. Ohne dieses Eisen würden wir nämlich ziemlich bald sterben, was gemeinhin zwar als Ende, aber nicht Ziel des Lebens verstanden wird. Aber das war noch nicht alles. Auch Hämoglobin wird im Verdauungstrakt dekonstruiert. Dabei entsteht erst das grünliche Biliverdin und danach das rot-orange Bilirubin. Ein Farbenwechsel, den man aus demselben Grund auch bei der Abheilung eines blauen Flecks, also Hämatoms, gut beobachten kann. Noch kein Regenbogen, aber immerhin so was wie eine Bluterguss-Jamaika-Koalition. Wenn sich zu viel Bilirubin im Blut sammelt, kann es zu Ablagerungen in der Haut kommen und einer Krankheit, die folgerichtig Gelbsucht genannt wird. Das lipophile, also fettliebende Bilirubin ist in wässrigen Lösungen unlöslich und geht deshalb auf eine Reise. Es wird im Blut zur Leber transportiert, wo seine Wasserlöslichkeit erhöht wird, weiter geht es in den Dickdarm, wo es Darmbakterien herzlich begrüßen und in zahlreiche Produkte umwandeln, unter anderem in Urobilinogen.

Nun sind wir schon ziemlich nahe an die Kolorierung der Ausscheidungen gelangt, denn Urobilinogen kann über zwei unterschiedliche Wege weiter verstoffwechselt werden. Ein kleiner Teil wird wieder vom Blut resorbiert, zur Niere transportiert, die ihn ins gelbliche Urobilin verwandelt und der Harnblase zzgl. Harnröhre zur Ausscheidung empfiehlt. Das ist der Grund für die gelbliche Erscheinung von Urin. Je mehr man aber trinkt, desto stärker wird der Farbstoff verdünnt, deshalb kann Harn zwischen fast durchsichtig und dunkelgelb changieren. Der größere Teil von Urobilinogen erreicht aber die Niere nie, sondern wird von anderen Darmbakterien kassiert, ins rotbraune Stercobilin umgebaut, jenes Pigment, Sie haben es längst erraten, das dem Kot seine charakteristische Farbe verleiht.

Wenn Sie damit nicht einverstanden sind und finden, Ihr Stuhl wäre ein ganz anderer Farbtyp von der Aura her, dann können Sie aber trotzdem gestalterisch eingreifen. Denn nicht immer werden alle Farbpigmente aus dem Essen vollständig wiederverwertet. Manchmal bleibt ein Rest in den Ausscheidungen erhalten. Deshalb kann mit Spinat, am besten mangelhaft gekocht, ein Abstecher ins Grünliche gelingen, und mit Roter Bete kann man mit etwas Übung sogar auf der Groß- und der Kleinseite gleichzeitig Rouge auflegen. Und wer gerne Posamenten dabeihaben will, macht keinen Fehler, wenn er dem Menü Maiskörner, Erdnüsse und schlecht geschälten Spargel beimengt. ✓

»Was war der Stern von Bethlehem?«

Kurze Antwort:

--→ Eventuell hagelvoll. ✓

Lange Antwort:

--→ Vor 2000 Jahren hat es noch kein Navi gegeben, in jenen Tagen, als Kaiser Augustus den Befehl erließ, alle Bewohner des Reiches in Steuerlisten einzutragen. Dies geschah zum ersten Mal; damals war Quirinius Statthalter von Syrien. Da ging jeder in seine Stadt, um sich eintragen zu lassen. Und weil GPS noch nicht erfunden war, haben sich die Menschen vielfach nach den Gestirnen gerichtet, um sich zu orientieren. Auch die sogenannten Weisen aus dem Morgenland haben sich bei der Messias-Suche auf einen Stern verlassen. So steht es zumindest geschrieben. Und jedes Jahr um Weihnachten findet sich ziemlich verlässlich in irgendwelchen Gazetten und TV-Sendungen jemand, der zu erklären versucht, worum es sich bei diesem Stern gehandelt haben könnte. Was offenbar nicht so einfach ist, denn die astronomischen Informationen, die das Matthäus-Evangelium anbietet, sind mehr als dürftig und hätten heute keine Chance auf Publikation. Als wissenschaftlicher Fachaufsatz würde so etwas sofort abgelehnt. Trotzdem haben sich im Laufe der Zeit erstaunlich viele, teilweise seriöse Menschen damit beschäftigt, aus diesen paar Zeilen ernsthafte astronomische Theorien zur Erklärung des Sterns von Bethlehem zu entwickeln.

Drei Hypothesen tauchen immer wieder auf. Als erste am Start die vom Kometen. Man kennt Gemälde, auf denen der Stern eben nicht als Stern, sondern als Komet dargestellt ist, beispielsweise vom italienischen Maler Giotto di Bondone aus dem 14. Jahrhundert. Normalerweise würde man sagen »nach unserer Zeitrechnung«, aber aus aktuellem Anlass geht ausnahmsweise auch »nach Christi Geburt«. Obwohl der Name ursprünglich »Haarstern« bedeutete, handelt es sich bei einem Kometen ganz und gar nicht um einen Stern, sondern einen gefrorenen Brocken aus Eis, Staub und Gestein, der beim Bau des Sonnensystems übrig geblieben ist und seither in der Gegend herumdüst. Aber weil er in Sonnennähe einen Schweif entwickeln kann, der die Menschen an prächtiges Haupthaar erinnert hat, wurde er Haarstern genannt bzw. Komet, nach dem altgriechischen Wort *kóme* für Mähne. Giotto hat, ein paar Jahre bevor er das Bild gemalt hat, den Halleyschen Kometen beobachtet. Der kommt alle 76 Jahre an der Erde vorbei und ist dabei regelmäßig ziemlich gut zu sehen. Nachdem das Sonnensystem schon vor ein paar Milliarden Jahren entstanden ist, könnte er nicht theoretisch auch vor gut 2000 Jahren einmal vorbeigeschaut und die Heiligen Drei Könige nach Bethlehem gelotst haben? Eher nein.

Der Halleysche Komet war zwar im Jahr 12 oder 11 vor Christus zu sehen, aber selbst wenn man davon ausgeht, dass 0 nicht das Geburtsjahr war, was eigentlich schon deshalb nicht ginge, weil es in der offiziellen Zeitrechnung kein Jahr 0 gibt, sondern das Jahr 1 direkt auf das Jahr −1 folgt, wäre das doch etwas zu früh. Selbst für eine Zeit, in der Termingeschäfte noch in Jahren ausgemacht wurden und nicht in Stunden. Außerdem galten Kometen in der Antike als Vorboten kommenden Unheils, während in Bethlehem ja eigentlich ein Erlöser erwartet wurde. Zu einer Taufe lädt man ja gemeinhin auch eher nicht, indem man eine Todesanzeige ausschickt. Die zweite Hypothese stellt eine Supernova ins Zentrum. Das wäre insofern einmal plausibel, weil ein Stern, wenn er einigermaßen in der Nähe der Erde im Rahmen einer Supernova explodiert, sehr gut am Himmel zu sehen ist. Auch tagsüber. Denn seine Leuchtkraft nimmt kurzzeitig enorm zu. Einigermaßen in der Nähe bedeutet in dem Fall übrigens so ab 10 000 Lichtjahre entfernt. Also nicht gleich ums Eck, selbst für Licht nicht. Der große Astronom Johannes Kepler war der Meinung, der Stern von Bethlehem wäre eine Supernova gewesen. Und Kepler war nicht irgendwer, sondern einer der besten Astronomen aller Zeiten, nicht vergleichbar mit dem, was heutzutage oft in Boulevardmedien als Wissenschaftler auftaucht. Der Haken an der Sache, und deshalb müssen wir dem großen Kepler leider widersprechen, lautet: Eine derart gewaltige Explosion hinterlässt im Weltall Spuren. So was können auch explodierende Sterne nicht unbemerkt veranstalten.

Das Material, das im Rahmen einer Supernova explodiert, kann ja nicht einfach verschwinden. Wie überhaupt nichts im Universum einfach verschwinden kann, weil der Energieerhaltungssatz für alle, auch für Supernovae, gilt, und deshalb müsste man, hätte es rund um Christi Geburt eine solche gegeben, noch heute Spuren davon sehen. Tut man aber nicht. Und zwar nicht deshalb, weil man falsch schaut, sondern weil da keine sind. Hypothese Nummer drei bringt eine sogenannte Planetenkonjunktion ins Spiel. Ist das was Ordinäres, eine besondere Stellung? Ordinär nein, besondere Stellung ja. Bei ihrem Umlauf um die Sonne sind die Planeten in der Regel nicht gemeinsam nebeneinander unterwegs und tratschen. Sondern meistens sehr weit voneinander entfernt. Hin und wieder kann es aber vorkommen, dass etwa Jupiter und Saturn und Erde auf einer Geraden stehen, und dann sieht man diese Planeten von der Erde aus sehr nahe beieinanderstehen. Ist das extrem selten und kann deshalb als Zeichen des Himmels gedeutet werden? Nein, gar nicht selten. Manchmal gibt es eine solche Konstellation mit den Planeten Jupiter und Saturn gleich drei Mal innerhalb eines Dreivierteljahres. Definitiv stattgefunden hat so eine Konjunktion zwischen Jupiter und Saturn im Jahr 7 vor Christus. Also ein bisschen eher, als die

Himmelskönigin gekreißt hat. Der Wiener Astronom Konradin Ferrari d'Occhieppo hat im Jahr 1964 eine Theorie aufgestellt, bei der genau dieses Ereignis die Rolle des Sterns von Bethlehem spielen soll. Die Planeten Jupiter und Saturn haben sich im Jahr 7 vor Christus. im Sternbild der Fische getroffen, und interpretiert man dieses Ereignis anhand der damals herrschenden astrologischen Vorstellungen, dann hätten die babylonischen Astronomen das tatsächlich im Sinne der Bibel verstehen können. Denn der Planet Jupiter hat den Herrscher symbolisiert und der Saturn unter anderem das jüdische Volk. Der Fisch ist damals allerdings noch nicht für den Ichtys gestanden, den man auch heute noch bei eifrigen Christen als Abziehbild am Heck des Automobils findet, das Sternbild der Fische symbolisierte vielmehr Palästina. Und wenn man alles drei zusammenpackt, dann hat man einen König der Juden, der in Palästina geboren wird. Wenn man unbedingt will.

Verbindlich daraus schließen, dass die Bewegung der Himmelskörper tatsächlich die Geburt des Messias vorhergesagt hat, geht dennoch nicht. Immerhin ist die Bibel erst lange nach dem Tod Jesu geschrieben worden, wenn es ihn überhaupt jemals gegeben hat, und man wird die Himmelsereignisse sehr wahrscheinlich erst nachträglich entsprechend interpretiert haben. Außerdem war erstens Astrologie auch damals schon Unsinn, zweitens kennt man Keilschrifttafeln der Babylonier, die Berechnungen zu dieser Konjunktion zeigen und keinen Hinweis darauf geben, dass sie für die Leute von damals irgendeine tiefere Bedeutung gehabt hat. Und drittens und vor allem müsste man sich am Himmel schon gar nicht auskennen, damit man eine Planetenkonjunktion als etwas Besonderes und einen Stern wahrnehmen würde. Denn auch wenn Jupiter und Saturn am Himmel damals nahe beieinanderstanden, waren sie doch immer noch weit genug voneinander entfernt, um eindeutig als zwei einzelne Himmelskörper und nicht als einzelner Stern zu erscheinen.

Die Heiligen Drei Könige als Sterndeuter sollten zumindest über einschlägiges Basiswissen verfügt haben. Somit ist auch die Planetenkonjunktion als Role Model für den Bethlehem-Stern aus dem Rennen. Damit bleibt als vierte auch gleichzeitig die schlüssigste Erklärung: Es hat nie einen Stern von Bethlehem gegeben. Hört! Hört! Matthäus verbreitet Fake News? Die Bibel = Lügenpresse? Die Heilsgeschichte Alternative Facts?

Letzteres sowieso. Denn die Bibel ist eine belletristische Arbeit, kein wissenschaftliches Werk. Und es ist gut möglich, dass Matthäus sein Evangelium mit ein bisschen Action gepimpt hat. Nachdem wir keinerlei sinnvolle Erklärung finden, tut man gut daran, zur Sicherheit auch in Betracht zu ziehen, dass Matthäus die Geschichte vom Stern von Bethlehem eingefügt hat, um zu zeigen, wie bedeutend Jesus war. Was damals überhaupt nicht unüblich gewesen ist. Im Jahr 44. v. Christus etwa war ein großer Komet am Himmel über Italien zu sehen. Und weil der große Julius Cäsar erst kurz vorher gestorben war, haben viele Römer behauptet, dass der Komet Cäsars göttliche Seele sei, die man nun am Himmel sehen könne. Nicht ausgeschlossen, dass Matthäus sich gedacht hat: »Guter Trick, das mach' ich bei meiner Jesusgeschichte auch.«

Ist zumindest mindestens so wahrscheinlich wie alle anderen Erklärungen. Denn wirklich gesehen haben den Stern ja dem Vernehmen nach nur die Heiligen Drei Könige. Und sonst niemand auf der gesamten Welt, was für derart spektakuläre astronomische Phänomene wie einen leuchtenden Stern, der den Weg zu einem Heiland weist, wirklich unwahrscheinlich ist. Gut möglich, dass die Heiligen Drei Könige nicht nur Gold, Weihrauch und Myrrhe mitgehabt haben, sondern eventuell auch andere Substanzen, teilweise vielleicht sogar in der Blutbahn. Unter Berücksichtigung dieser neuen Forschungsansätze sollte man in Zukunft auf die Türstöcke vielleicht nicht schreiben C+M+B, sondern eher L+S+D. ✓

»Gibt es Waschbrettbäuche bald auf Rezept?«

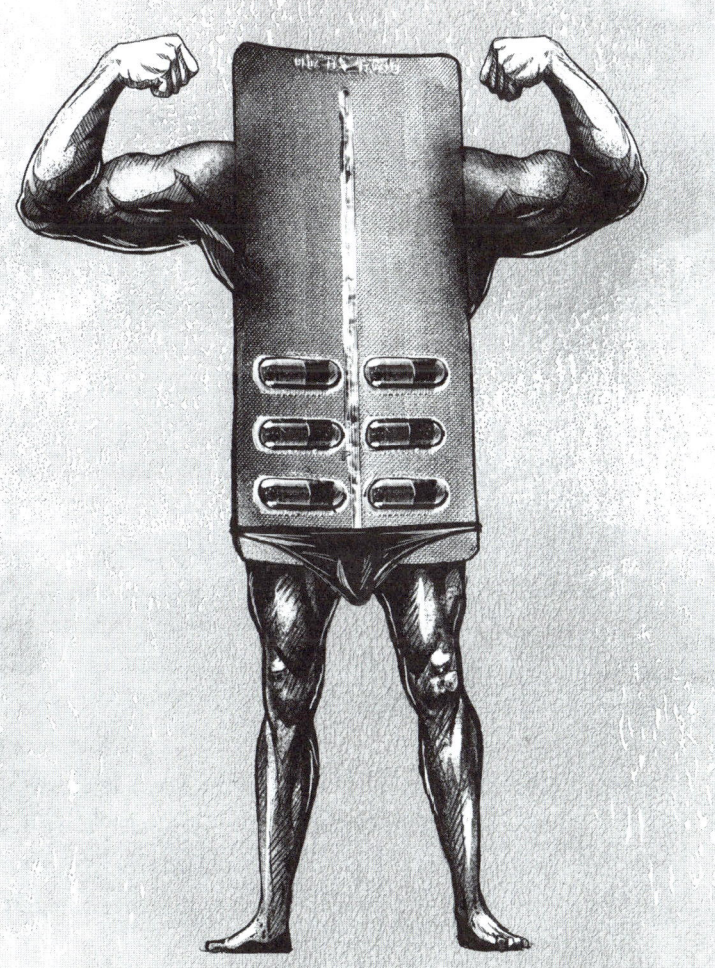

Kurze Antwort:

--→ Bamm-Bamm! ✓

Lange Antwort:

Mister Trouble never hangs around, when he hears this Mighty sound.
»Here I come to save the day«, that means that Mighty Mouse is on his way.
Maintheme Mighty Mouse, 1942

--→ Viele Lebewesen in Steintal, dem Heimatort der Familien Feuerstein und Geröllheimer, sind ungewöhnlich für unsere Gegenwart – Dinosaurier, Säbelzahntiger, Mammuts –, aber der Adoptivsohn der Geröllheimers, Bamm-Bamm, der die Haushaltsversicherung voll ausreizt, ist ein besonderes Kuriosum. Kann kaum gehen, besitzt aber Kräfte wie ein Bodybuilder. Als Barney ihn einmal bittet, den Wohnzimmerfußboden nicht weiter mit einer Keule zu beamtshandeln, nimmt er stattdessen seinen Vater am Finger und wirft ihn mehrfach im Bogen über sich. Barney ist nach der unpfleglichen Behandlung aber keineswegs ungehalten, sondern froh, das Rätsel um die Namensgebung des Kleinen gelöst zu haben: »Now I know how he got the name of Bam-Bam. He is all muscle.«

Der Belegschaft des Charité-Krankenhauses in Berlin mag es im Jahr 1999 ähnlich ergangen sein, als ein ungewöhnlich muskulöses Baby zur Welt kam. Mit viereinhalb Jahren besaß der Bub die doppelte Muskelmasse und halb so viel Körperfett wie gleichaltrige Kinder und war in der Lage, zwei Drei-Kilo-Hanteln mit waagrecht ausgestreckten Armen zu halten. Also nicht unbedingt der Typ, dem man auf dem Kindergarten-Pausenhof die Unterhose ins Kreuz hinaufzieht und »Wedgie!« dabei ruft. Es war der erste Mensch, bei dem eine spontane Myostatin-Mutation in beiden Kopien des Gens nachgewiesen werden konnte. Dass Körperkraft in den Genen stecken muss, wusste man natürlich längst, denn muskelbepackte Gorillas sind uns kräftemäßig haushoch überlegen. Dabei gehen sie nicht einmal die üblichen beiden Wochen nach Neujahr ins Fitnessstudio, und statt Proteinshakes stehen magere Blätter auf dem Ernährungsplan.

Aber was kann dieses Myostatin und wo kommt es her, und was hat es mit Muskelaufbau zu tun? Muskeln verbrauchen sehr viel Energie. Sie fressen so viele Ressourcen, dass manche Evolutionsbiologen vermuten, wir hätten schwächere Muskeln entwickelt als andere Primaten, um mehr Energie für unser Gehirn bereitstellen zu können. Während wir also bemüht sind, möglichst viel mageres Fleisch auf unsere Knochen zu packen, hat unser Körper Mechanismen entwickelt, um ein ungebremstes Wachstum der Skelettmuskulatur zu verhindern. Dadurch sind wir im Laufe der Jahrtausende deutlich schlauer geworden und können mittlerweile sehr gut Autos bauen, mit denen wir ins Fitnessstudio fahren, um uns mehr Muskelmasse anzutrainieren. Win-win.

Und Myostatin? Das Eiweiß wird in den Muskelfasern gebildet und wirkt dem Wachstum neuer Muskelzellen entgegen. Aufgrund seiner Entdeckung in Mäusen wird das zugrunde liegende Gen gerne als »Mighty Mouse«-Gen bezeichnet: nach der Superheldenmaus aus den 1940er Jahren, die fliegen konnte, über Superkräfte wie Röntgenblick verfügte und als unverwundbar galt. Für Fliegen, Röntgenblick und Unverwundbarkeit ist Myostatin leider nicht zuständig, aber schaltet man das Gen, das Myostatin produziert, bei Tieren aus, führt das zu enorm gesteigertem Muskelwachstum, erhöhter Kraftleistung und einem niedrigeren Körperfettanteil. Also zu dem, was sich jeder Fitnessstudiobesucher wünscht, während er »Eye Of The Tiger« hört und seine Bizepscurls andächtig im Spiegel mitverfolgt. Warum aber war der Bamm-Bamm in der Charité so kräftig? Alle Menschen tragen von fast jedem Gen zwei Kopien in sich, eine vom Vater und eine von der Mutter. Ein Baby, das in beiden Kopien eine Mutation trägt, muss also von Eltern abstammen, die in zumindest einer ihrer beiden Kopien diese Mutation hatten, was man bei der Mutter auch nachgewiesen hat. Mit diesem Wissen im Hinterkopf ist es auch nicht weiter verwunderlich, dass es sich bei der Mutter um eine professionelle Sprinterin gehandelt hat, eine Sportart, die viel Kraft voraussetzt. Seine volle Wirkung kann eine Myostatin-Mutation aber nur dann entfalten, wenn sie in beiden Gen-Kopien vorhanden ist, wie es bei dem Säugling der Fall war. Er wurde bis zum Alter von viereinhalb Jahren untersucht, dann ließ man ihn in Ruhe, aber bis dahin hatten sich keine nennenswerten gesundheitlichen Auswirkungen der Mutation gezeigt. Und vor allem kein vergrößerter Herzmuskel. Was enorm wichtig ist, denn wenn alle Muskeln stark wachsen, könnte sich der Herzmuskel anschließen, und das wäre nicht sehr gesund. Der Bub hat übrigens auch keine abnorm vergrößerte Zunge, sodass er sich Fliegen aus der Luft fangen könnte oder seinen Geliebten beim Zungenküssen Zerrungen verursacht. Er war im Wesentlichen als Kind unauffällig, halt ein wenig muskulöser als andere Kinder.

Das verhält sich bei Weißblauen Belgiern anders. Dabei handelt es sich nicht um Flamen und Wallonen, die am Oktoberfest gut geölt auf den Bierbänken posen, sondern um eine Rinderrasse, die eine natürlich aufgetretene Mutation im Myostatin-Gen trägt, wodurch das Protein nicht mehr in der Lage ist, das Muskelwachstum einzuschränken. Das Resultat ist ein muskelbepacktes, fettarmes Tier, das mit der lieblichen Milka-Kuh weniger gemeinsam hat als

Howard Wolowitz mit dem unglaublichen Hulk. Weißblaue Belgier gelten als beliebte Fleischlieferanten, weil die Muskeln extrem schnell wachsen, die Kühe bis zu 20 Prozent mehr Fleisch bieten als andere Rinderarten, dabei aber weniger Futter vertilgen. Quasi ein Steakhouse auf vier Beinen. Könnte eine Myostatin-Mutation auch Menschen zu enormer Kraft verhelfen? Kann man schon bald im Sommer als Arnold Schwarzenegger zu Mister-Universum-Zeiten über den Strand promenieren, obwohl man ein halbes Jahr davor zu Weihnachten vor lauter Vanillekipferl und Zimtsternen beim Hosenknopfabsprengen noch den familieninternen Weitenrekord aufgestellt hat?

Vielleicht.

Irgendwann einmal.

Myostatin lässt sich nämlich auch indirekt ausschalten durch das Eiweiß Follistatin. Im Körper übernimmt Follistatin die Aufgabe, Myostatin zu hemmen und somit das Muskelwachstum zu fördern. Mehr Follistatin bedeutet also mehr Muskulatur. Um das Follistatin-Gen in Muskulatur einzuschleusen, hat man es deshalb 2009 in ein Virus gepackt. Bei den meisten Leuten sind Viren so beliebt wie Flatulenzen im Aufzug, für Genetikerinnen und Genetiker sind sie aber wichtige Werkzeuge, weil sie in der Lage sind, fremde DNA in Zellen einzuschleusen. Für das Follistatin-Gen verwendete man ein Adeno-assoziiertes Virus Serotyp 1 (AAV1) als Transportmittel. Falls Sie sich das jetzt gefragt haben. Verglichen mit anderen Viren hat AAV1 zwei Vorteile. Zum einen löst das Virus keine nennenswerte Reaktion des Immunsystems aus, was praktisch ist, wenn man kein Fan von Krankheitssymptomen ist. Zum anderen ist AAV1 in der Lage, Erbinformation in die Zellen von Lebewesen einzuschleusen, ohne dass sich die eingebrachte DNA in das Genom des Lebewesens einfügt. Was Viren normalerweise machen, wenn man sie lässt. Stattdessen existiert die übertragene Erbinformation als separate, ringförmige Struktur im Zellkern, die man als Episom bezeichnet. Das ist deutlich sicherer als andere Viren, die ihr Erbmaterial an einer zufälligen Position in das Genom einfügen. In diesem Zustand kann die Follistatin-DNA, ohne Schäden zu verursachen, jahrelang in Zellen überdauern, Myostatin hemmen und somit das Muskelwachstum anregen. Im Test infizierte man den vorderen Oberschenkelmuskel von Makaken, also Affen aus der Familie der Meerkatzen-Verwandten mit dem Follistatin-Virus. Das Resultat war ausgeprägtes und anhaltendes Muskelwachstum des Oberschenkels, einhergehend mit einer ordentlichen Kraftzunahme. Nach nur acht Wochen war der Muskel bereits um 15 Prozent größer als ein nicht-infizierter Kontrollmuskel. Negative gesundheitliche Effekte wurden, wie beim kraftstrotzenden Baby in Berlin, nicht beobachtet.

Das gibt vielen Menschen Hoffnung. Aber nicht in erster Linie Bodybuildern, die keine Lust mehr auf die ewige Schinderei und Schrumpfhoden haben, sondern etwa Astronauten. Der Preis für das Chillen in der Schwerelosigkeit ist nämlich rasanter Abbau von Muskelmasse, weshalb sie sich nach der Landung oft bewegen wie ein Spaghettisultan nach zehn Tequila ex. Auch für Menschen, die an Muskeldystrophie leiden, also an Muskelschwund-Erkrankungen, könnte Myostatin eine Rolle spielen.

Man arbeitet an medikamentösen Myostatin-Hemmern, um das Muskelwachstum anzuregen und damit den Verlauf der Erkrankung entscheidend zu beeinflussen. Bis dahin dauert es aber noch eine Zeit, es ist somit nicht zu erwarten, dass schon in den kommenden Sommern eingecremte Faulpelze, die in ihrem Leben noch keinen Liegestütz gemacht haben, die Freibäder fluten, um ihre Adonis-Körper zu präsentieren. Die gesundheitlichen Folgen sind momentan noch zu wenig erforscht, und man weiß noch nicht, wie praktikabel eine Myostatin-Hemmung bei gesunden Menschen überhaupt wäre. Aber wenn Ihr Nachbar Sie eines Tages mitsamt

Ihres Rasenmähers mit einer Hand in die Luft hebt, weil Sie schon wieder Sonntagnachmittag das Gras kürzen wollten, und dabei die Titelmelodie von Mighty Mouse singt wie einst der US-Komiker Andy Kaufman, dann wissen Sie, die Marktreife ist erreicht.✓

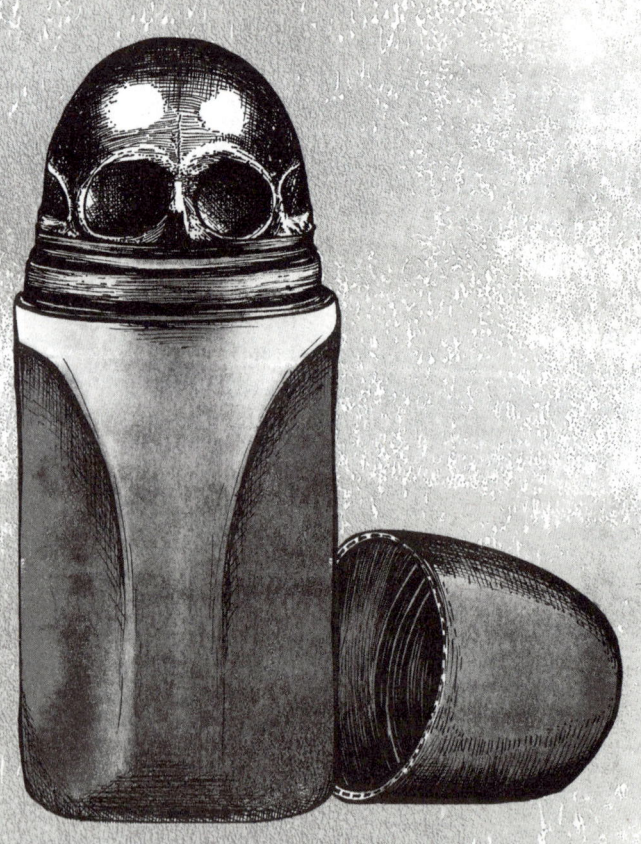

32

»Sind Deos ohne Aluminum die bessere Wahl?«

Kurze Antwort:

Hängt von der Konkurrenz ab. ✓

Lange Antwort:

Das hätte sich das Aluminium damals am Höhepunkt seines Ruhms Mitte des 19. Jahrhunderts auch nicht träumen lassen, dass es eineinhalb Jahrhunderte später einen derartigen Shitstorm über sich würde ergehen lassen müssen. Damals galt es als deutlich wertvoller als Gold, weil seine Gewinnung in reiner Form extrem teuer war. So teuer, dass man Ende des 19. Jahrhunderts knapp 3 Kilogramm davon in den USA als Spitze auf das Washington Monument setzte, um den ersten Präsidenten der Vereinigten Staaten gebührend zu ehren. Aluminiumbarren wurden auf Ausstellungen vorgeführt, und Napoleon III. soll seine Ehrengäste bei Banketten sogar von Aluminiumgeschirr essen lassen haben, während die andern am Katzentisch nur Goldgeschirr bekamen.

Das änderte sich grundlegend, als man einen einfachen Weg entdeckt hatte, um reines Aluminium herzustellen. Das Metall wurde vom seltenen Luxusobjekt zur Massenware. Und zu einem unverzichtbaren Bestandteil unserer Technik. Wir wickeln unsere Butterbrote in Alufolie ein, nutzen Aluminiumdosen, um Getränke aufzubewahren, und verwenden es so gut wie überall in Bauwerken, Fahrzeugen, Straßenlaternen, Computern, in Raketentreibstoffen, Münzen, Musikinstrumenten und Campinggeschirr. Aluminium ist überall dabei und gern gesehen. Außer in Deodorants. Da steht es seit Kurzem auf der Watchlist. Aber warum?

Dass Aluminium kein nützlicher Werkstoff für Alltagsgegenstände geblieben, sondern irgendwann unter unsere Achseln geraten ist, kommt vor allem daher, dass Stinken in unserer modernen Gesellschaft nicht mehr sehr beliebt ist. Wenn Ihnen jemand etwas anderes erzählt, dann nur, weil er entweder keine Lust hat zu duschen oder im U-Bahn-Waggon gerne alleine sitzen möchte. Jahrtausendelang war man nicht so streng, im 16. und 17. Jahrhundert war Wasser überhaupt kein gern gesehener Gast auf unserer Haut, weil man sich fürchtete, durch die Poren, die ja den Schweiß nach außen ließen, könnte der Dreck im Wasser, vor allem nach einem Bad, genauso gut auch nach innen geraten. Die Furcht vor Pest und Syphilis war keineswegs unbegründet, und nachdem Bakterien völlig unbekannt waren, gab man unter anderem dem Wasser die Schuld. Ein ähnlicher Mechanismus bringt heute das Aluminium im Deo in Verdacht, nur dass wir heute über wissenschaftliches Wissen und entsprechende Methoden verfügen, um derartige Behauptungen zu überprüfen.

Was trotzdem nicht sehr einfach ist. Denn Aluminium ist überhaupt nicht selten, sondern das häufigste Metall in der Erdkruste bzw. nach Sauerstoff und Silizium sogar das dritthäufigste Element in der Erdhülle überhaupt. Das heißt, wir nehmen es ununterbrochen über unsere Nahrung auf, ohne daran zu erkranken oder zu sterben. Einfach, weil wir es gewöhnt sind. Wenn etwa in Folienkartoffeln Aluminium nachgewiesen wird, dann vor allem deshalb, weil sich, auch bei sorgfältiger Reinigung, immer kleinste Einschlüsse von Erde in der Schale finden, und deren Aluminiumgehalt ist höher als das, was durch die Alufolie beim Garen in die Erdäpfel kommt. Lediglich sehr saure Speisen sollte man nicht länger in Alufolie lagern, um eine Anreicherung mit dem Metall zu vermeiden. In Verruf geraten ist Deo mit Aluminium unter anderem deshalb, weil es angeblich die Entstehung von Brustkrebs begünstigt. Aber wie?

Zuerst muss man einmal unterscheiden zwischen Antitranspirantien, die den Schweiß verhindern, und Deodorants, die den Schweißgeruch bekämpfen. Dabei handelt es sich um zwei verschiedene Konzepte, und die Schweißverhinderer sind an der Wohlgeruchsfront deutlich erfolgreicher. Und sie brennen nicht in der, vor allem frisch rasierten, Achselhöhle. Deshalb konnte es ja überhaupt zum Siegeszug von Aluminiumsalzen in den Entriechern kommen, wie man De-Odorants auch nennen könnte, würde einem an der Betonung der wörtlichen Bedeutung liegen. Der Plan ist, die Schweißdrüsen zu verengen, damit nicht zu viel Schweiß ausgeschieden wird, und bakteriostatische Wirkstoffe einzusetzen, die die Umwandlung des an sich geruchlosen Schweißes durch die Hautbakterien in den klassischen Schweißgeruch verhindern. Beim Drüsenverenger handelt es sich um eine Mischung aus mono- und polynuklearen Aluminium- und Zirkon-Komplexen des Glycins, Chlorid und Hydroxid. Wenn Sie es genau wissen wollen. Diese Mischung verklumpt in den Poren, aber löst sich mit der Zeit auch wieder auf.

Es handelt sich dabei um eine temporäre Verstopfung, was man mögen kann oder auch nicht, schädlich dürfte sie nicht sein. Bezüglich der Aufnahme durch die Haut ins Gewebe und schließlich in die Blutbahn, kommt der pH-Wert ins Spiel. Der Säureschutzmantel unserer Haut, auf die man das Deo ja sprüht, ist auf einen pH-Wert zwischen 4,5 und 5,75 eingestellt. In diesem Bereich liegt Aluminium folgendermaßen vor: Am sauren Ende 4,5 wäre noch etwa die Hälfte in Form des an sich wasserlöslichen Al^{3+} vorhanden, während der Rest in schwerer löslichen Hydroxid-Formen $Al(OH)2+$ und $Al(OH)_2+$ vorliegt. Ab einem pH-Wert von 5,5 liegt fast alles nur mehr als unlösliches $Al(OH)3$ vor. Aus diesem unlöslichen Hydroxid wasserlösliches Aluminium ins Blut zu bekommen, ist de facto unmöglich. Wenn man also Antitranspirantien unter die Achsel sprüht, kann eigentlich kein Alu in die Blutbahn vordringen. Trotzdem gibt es laut einer neuen Studie vom Juni 2017 einen statistisch signifikanten Zusammenhang zwischen einem erhöhten Brustkrebsrisiko bei Frauen und der Verwendung aluminiumhaltiger Antitranspirantien. Männer können übrigens auch Brustkrebs bekommen, weil die Brust im Embryo angelegt wird, bevor sich sein Geschlecht entscheidet, sie bleibt beim Mann dann als Brustwarze bestehen, quasi als Schmuckelement am Oberkörper, das, wenn man es nicht als erogene Zone lieb gewinnen kann, weitgehend funktionslos bleibt. Es kommt allerdings verhältnismäßig selten vor, im Jahr 2012 sind in Österreich 5521 Frauen und 73 Männer an Brustkrebs erkrankt, das bedeutet 76,1 von 100 000 Frauen und nur 1,1 von 100 000 Männern, weshalb sich die Studie vorerst auf das erhöhte Risiko bei Frauen konzentriert hat. Leider ist das Ergebnis wieder deutlich weniger eindeutig als wünschenswert. Denn es wäre natürlich eine Erleichterung, könnte man wie bei Asbest sagen, Aluminiumsalze sind krebserregend und gehören deshalb im Deo verboten. Oder im Gegenteil, das wäre genauso angenehm.

Aber den Gefallen macht uns das Aluminium nicht. Denn auch in der vorliegenden Studie gibt es zwar einen statistisch signifikanten Zusammenhang, aber eben keinen kausalen. Das ist ein großer Unterschied. Darüber hinaus war die Zahl der relevanten Fälle innerhalb der ohnedies relativ kleinen Gruppe, die untersucht worden ist, noch kleiner, was es noch schwieriger macht, statistisches Rauschen von validen Ergebnissen zu unterscheiden. Aber es lag bei einer bestimmten Gruppe, vor allem junger Frauen, die mehrmals am Tag ein entsprechendes Deo verwendeten, ein erhöhtes Risiko vor, an Brustkrebs zu erkranken. Bei derselben Gruppe fand man auch erhöhte Aluminiumwerte bei Krebsgewebe in der Brust nahe der Achselhöhle. Nur weiß leider niemand, ob das vermehrte Alu-Vorkommen zu Brustkrebs führen kann oder ob Tumore in Achselnähe einfach mehr Aluminium anlagern als gesundes Gewebe. Eine gewisse Rolle dürfte darüber hinaus spielen, dass diese Frauen sich in der Regel auch sehr regelmäßig die Achselhaare rasieren, was zu kleinen Verletzungen der betroffenen Haut führen kann. Und über dicse oftmals nur winzigen Hautöffnungen kann natürlich einiges in den Körper gelangen, was dort nichts zu suchen hat, Moleküle sind bekanntlich nicht sehr groß.

Leicht möglich also, dass es schon ausreichen würde, die Achselhaare ungehindert wachsen zu lassen und nur einmal am Tag ein Antitranspirantium aufzutragen, und schon wäre Aluminium kein Problem mehr. Leider weiß man es nicht, und bis umfangreichere Studien vorliegen, wird das auch so bleiben. Wer diese Unsicherheit vermeiden, aber nicht stinken möchte, kann zu alkoholhaltigen Deodorants, die nur den Schweißgeruch unterbinden und deshalb ohne Aluminium auskommen, greifen. Alkohol ist bekanntlich ein Zellgift und tötet zwar die meisten Bakterien nicht, die bei uns unter der Achsel leben und verdauen, deaktiviert aber ihren Stoffwechsel weitgehend. Die liegen dann praktisch den ganzen Tag auf der faulen Haut und produzieren nur sehr wenig Gestank. Alkohol wäre eigentlich sowieso die österreichischere Lösung (siehe Frage 24 »Kann ein Vollrausch lebensrettend sein?«). Und wenn Ihnen auch das nicht behagt, dann stinken Sie eben ein bisschen nach Schweiß. Warum nicht? Das ist zwar nicht gern gesehen bzw. gerochen, aber auch nicht verboten, und Sie haben dafür öfter einmal einen U-Bahn-Waggon für sich alleine, in dem Sie in aller Ruhe Ihre noch ofenwarmen Folienkartoffeln jausnen können. ✓

»Warum strahlt die Hawking-Strahlung eigentlich so?«

Kurze Antwort:
Nicht wegen Nichts. ✓

Lange Antwort:
Wer kennt das nicht? Eine Party ist in vollem Gange, gleich wollen alle zu schmusen beginnen, da lenkt einer das Thema auf Schwarze Löcher und die Hawking-Strahlung. Sofort sind alle sexuellen Begehrlichkeiten wie weggeblasen, denn wenn wer die Hawking-Strahlung erklären kann, dann wollen das alle wissen.

Und so beginnen Sie, vielleicht auch deshalb, weil mit Ihnen niemand schmusen wollte, zu erzählen. »Viele Menschen glauben, Schwarze Löcher saugen alles an. Aber das stimmt nicht. Es gibt sehr viele Schwarze Löcher im Universum, und saugen die uns gerade an? Eben. Erst, wenn man den sogenannten Ereignishorizont überschreitet, geht es zur Sache.« Sie machen eine Pause, aber wenn noch immer niemand mit Ihnen schmusen möchte, sollten Sie fortfahren. »Wenn man ausreichend Abstand von ihnen hält, sind Schwarze Löcher ganz harmlos. Und vor allem eines, nämlich schwarz. Und Löcher, aus denen nichts entkommt, nicht einmal Licht. Weswegen sie schwarz sind. Nichts entkommt, außer die Hawking-Strahlung!«

Wenn Sie Glück haben, beginnt jetzt aufgrund von Spannungsschwankungen in der Gegend die Zimmerlampe zu flackern. Sicherheitshalber sollten Sie aber jemanden gedungen haben, der ein paar Mal aufs Stichwort das Licht schnell ein- und ausschaltet. Nun haben Sie die Aufmerksamkeit sämtlicher Partygäste auf sich gelenkt, beleuchten sich von unten mit einer Taschenlampe und fahren fort: »In der Nähe des Ereignishorizonts, also der Grenze, ab der ein Schwarzes Loch so richtig seltsam wird, wie ihr in Frage 25 des neuen Science-Busters-Buches lesen könnt, entstehen manchmal virtuelle Teilchen. Das klingt zwar seltsam, aber so steht es nicht nur geschrieben, sondern passiert dauernd im Universum und ist längst experimentell nachgewiesen. Denn das Vakuum ist nicht leer!« Einer der Partygäste robbt Gesicht nach unten auf Sie zu und bietet, ohne in Ihr Gesicht zu schauen, einen Black Hole on the rocks an. Nach ein paar kurzen Schlucken fahren Sie fort: »Im Vakuum entstehen ununterbrochen, aber nur extrem kurz, Teilchenpaare, bestehend aus einem Materieteilchen und einem aus Antimaterie. Die beiden Teilchen existieren so kurz, dass sie eigentlich gar nicht existieren, sondern sich umgehend gegenseitig vernichten. Taucht so ein Teilchenpaar zufällig am Ereignishorizont eines Schwarzen Lochs aus dem Vakuum auf, kann eines von ihnen diese Grenze überqueren und kommt nicht mehr zurück. Das Partnerteilchen auf der anderen Seite ist verwirrt, weil niemand bei der wechselseitigen Vernichtung mithilft. So fliegt es verzweifelt durchs Weltall auf der Suche nach seinem passenden Gegenüber, kann es jedoch nicht finden, weil das für immer im Schwarzen Loch bleiben muss. Hat dieses Teilchen aber eine negative Energie, wird dadurch insgesamt die Masse des Schwarzen Lochs verringert. Von außen sieht man also, wie das Schwarze Loch ein bisschen leichter wird und gleichzeitig ein neues Teilchen von seinem Ereignishorizont hinaus in die Welt fliegt. Das ist das Geheimnis, das Stephen Hawking den Schwarzen Löchern entrissen hat: Sie strahlen Teilchen ab, und diese Strahlung heißt deshalb heute *Hawking-Strahlung*.«

Zufrieden leeren Sie Ihren Cocktail in der sicheren Erwartung, sich nun unter den Partygästen beliebig viele zum Schmusen aussuchen zu können. Allein, es regt sich Widerstand, bis schließlich die schönste Frau* im Raum aufsteht und sagt: »Das ist eine interessante Erklärung, wie man sie auch in vielen wissenschaftlichen Büchern findet, aber sie ist falsch! Loser!« Wenn Sie nun nicht geteert und gefedert werden wollen, sollten Sie den Raum schleunigst verlassen, selber das neue Science-Busters-Buch aufschlagen und nachlesen, worum es sich bei der Hawking-Strahlung tatsächlich handelt.

Die schöne Frau hat nämlich recht. Ihre Erklärung zur Hawking-Strahlung ist zwar die gängigste, leidet aber unter dem Schönheitsfehler, dass sie nur stimmt, wenn Hawking-Strahlung ausschließlich am Ereignishorizont eines Schwarzen Loches entstünde. Tut sie aber nicht, weshalb diese Veranschaulichung, die so viele Jahre so praktisch war, weil man sie einigermaßen leicht verstehen konnte, Makulatur ist. Aber was passiert stattdessen? Setzen Sie sich aufrecht hin, waschen sich vielleicht davor noch einmal das Gesicht mit kaltem Wasser, denn für das Folgende müssen Sie Ihre Aufmerksamkeit erhöhen. Dafür wissen Sie nachher zwar nicht alles, aber um einiges mehr über die Hawking-Strahlung.

Fertig? Gut.

Mathematisch betrachtet, und eigentlich ist das die einzig sinnvolle Art, Schwarze Löcher zu betrachten, die ja realiter tatsächlich noch überhaupt nie wer gesehen hat, wiewohl man getrost von ihrer Existenz ausgehen kann, mathematisch betrachtet sieht man, dass die Hawking-Strahlung nicht nur vom Ereignishorizont kommt, sondern aus einem Bereich, der über den Ereignishorizont hinausreicht. Das Schwarze Loch hat quasi eine Atmosphäre. Wenn die Teilchenpaare als Ursprung der Strahlung nun aber nicht mehr alle direkt am Ereignishorizont entstehen, sondern auch irgendwo viel

---

* Je nach Präferenz kann der Parameter auf schönster Mann gesetzt oder promisk interpretiert werden.

weiter weg, dann funktioniert das Bild mit dem Auseinanderreißen nicht mehr und wird falsch. Stephen Hawkings Erklärung war natürlich eine mathematische, in der er Phänomene aus der Quantenmechanik und der Relativitätstheorie auf eine äußerst originelle Weise miteinander verbunden hat. Allein deshalb ist er zu Recht weltberühmt. Um genau zu verstehen, was er damit meint, können Sie entweder fünf bis zehn Jahre lang theoretische Physik studieren oder sich freuen, dass dieses Buch Ihnen eine zwar noch immer nicht ganz richtige, aber nicht mehr so heillos falsche Erklärung anbieten kann. Fangen wir fundamental an: Was ist ein Teilchen? Was ist das Vakuum? Die simple Antwort anhand unserer Alltagserfahrung lautet: Ein Teilchen ist ein Teilchen und ein Vakuum ist ohne Teilchen. Danke für die Aufmerksamkeit, Sie dürfen sich etwas aus der Naschlade nehmen.

Leider ist es aber nicht so einfach. Ob man Teilchen sieht oder nicht, hängt davon ab, wer die Beobachtungen anstellt, und vor allem, wie schnell sich die Beobachter in Bezug aufeinander bewegen. Die große Erkenntnis der Einstein'schen Relativitätstheorie besagt, dass Bewegung, Geschwindigkeit und Beschleunigung entscheidende Rollen spielen dabei, was wir beobachten können. Deshalb ist das, was für einen Beobachter wie leerer Raum aussieht, für einen Beschleunigten ein Haufen Teilchen. Doch der Reihe nach.

Verabschieden wir uns zunächst von der Vorstellung, ein Teilchen sei eine Art kleine Kugel. In der modernen Quantenmechanik beschreibt man Teilchen als Anregung eines Quantenfeldes. Teilchen selber gibt es in dem Sinn nicht, sondern sie erscheinen, wenn man genügend Energie in dieses Feld steckt. Etwa so hat man sich auch das Higgs-Teilchen vorzustellen, das am großen Teilchenbeschleuniger am CERN in Genf aus dem Feld gelockt wurde. Stark vereinfacht gesagt. Halten wir uns also lieber an die Felder. Will man sie beschreiben, braucht man ein Koordinatensystem, das Raum und

Zeit berücksichtigt. Und da wird es knifflig. Raum und Zeit sind nicht unabhängig voneinander, sondern können eigentlich, wie Albert Einstein gezeigt hat, nur als kombinierte Raumzeit betrachtet werden. Deswegen ändert sich bei einer schnellen Bewegung durch den Raum auch immer das, was wir als Zeit betrachten. Je schneller wir uns bewegen, desto langsamer vergeht sie. Und jetzt kommt's: Je nachdem, wie schnell und wie stark beschleunigt wir uns durch die Gegend bewegen, ändert sich auch das, was wir als Vakuum wahrnehmen. Denn Vakuum ist nicht Nichts. Im Gegenteil. Es ist voll mit allen möglichen Feldern, mit virtuellen Teilchen und so weiter. Am besten kann man sich Vakuum als Zustand mit der gerade niedrigstmöglichen Energie vorstellen. Es kann zwar was da sein, aber soll sich bitte so unauffällig wie möglich verhalten.

Wie genau dieser niedrigste Energiezustand aussieht, ist abhängig vom Bewegungszustand. So wie Zeit und Raum untrennbar miteinander zusammenhängen, tun das auch Energie und Zeit. Energie entspricht der zeitlichen Veränderung der Wellenfunktion. Das sagen zumindest die Quantenmechaniker. Neben der Heisenberg'schen Unschärferelation, die viele auch aus der Sitcom *Big Bang Theory* kennen und nach der man niemals gleichzeitig exakt über Ort und Geschwindigkeit eines Teilchens Bescheid wissen kann, gibt es auch die Energie-Zeit-Unschärferelation. Die ist nicht so bekannt, funktioniert aber ähnlich. Auch wenn Energie-Zeit fast ein wenig esoterisch klingt, handelt es sich um Physik, nach der Energie und Zeit indirekt proportional zusammenhängen. Je genauer man die Energie eines Systems kennt, desto weniger genau kennt man die Zeit. Und umgekehrt. Das führt erstaunlicherweise dazu, dass unterschiedliche Beobachter mit unterschiedlichen Bewegungszuständen sich nicht darüber einig sind, ob sie sich im Vakuum befinden oder nicht. Die Energie im Vakuum bestimmt nämlich, wie viele Teilchen dort auftauchen können. Wenn unterschiedliche Beobachter unterschiedliche Energien wahrnehmen, dann beobachten sie deshalb auch unterschiedliche Teilchen. Dort, wo der eine nur leeren Raum sieht, sieht der andere jede Menge Teilchen. Das ist aber nicht vergleichbar mit der Beobachtung vom halb vollen und halb leeren Glas, die vom Gemütszustand abhängt, sondern mit gar nichts in der Welt, der wir im Alltag begegnen. Und, wie gesagt, in seiner ganzen Tragweite eigentlich nur mathematisch verstehbar.

Für die Beobachtung der Hawking-Strahlung bei Schwarzen Löchern muss man darüber hinaus noch berücksichtigen, dass auch Gravitation und Beschleunigung zusammenhängen. Masse krümmt die Raumzeit, deshalb spüren wir Gravitationskräfte, wenn wir uns durch eine gekrümmte Raumzeit bewegen. Solange wir also auf der Erde sind, können wir gar nicht anders, als diese Kräfte zu spüren, denn die Erde krümmt die Raumzeit, darum fallen wir auch nicht von ihr runter. Und sie selber befindet sich mitten in der von der Sonne gekrümmten Raumzeit und dreht deshalb brav ihre Runden um den Stern.

Schwarze Löcher krümmen die Raumzeit enorm, sind aber eigentlich nicht das, was die Benennung nahelegt. Wenn man Schwarzes Loch hört, denkt man: »Aha, da ist extrem viel Masse auf kleinem Raum.« Das entspricht aber nicht ganz der Wahrheit. Ein Schwarzes Loch ist, ähnlich einem Teilchen, kein simples Ding, sondern vielmehr ein dynamischer Prozess und beschreibt eine in sich selbst kollabierende Raumzeit. Am besten, man vergleicht zwei Beobachtungen. Einmal den Raum, bevor sich das Schwarze Loch bildet, wenn etwa ein Stern am Ende seines Lebens in sich zusammenbricht und dadurch beginnt, die Raumzeit durcheinanderzubringen. Und dann den Raum danach, in dem das Schwarze Loch sitzt und ihn weiter kollabieren lässt. Wenn man sich nun vorstellt, es gäbe zwei Beobachter dieser Szenarien, von denen einer den Zustand vor dem Kollaps sieht, der andere aber den danach, so haben die beiden durch diese dynamische Raumzeit zwischen Vergangenheit und Zukunft unterschiedliche Koordinatensysteme, die in Bezug aufeinander beschleunigt sind. Dieser Umstand sorgt für eine unterschiedliche Sicht auf Vakuum, Energie und Teilchen. Der Beobachter in der Vergangenheit, bevor das Schwarze Loch angefangen hat, die Raumzeit zu malträtieren, sieht nur leeres, braves Vakuum, der andere in der Zukunft dagegen ein Vakuum voller Teilchen. Und genau diese Teilchen sind die Hawking-Strahlung! Die Hawking-Strahlung ist also quasi das, was das Schwarze Loch aus dem Vakuum gemacht hat. Und sie entsteht, weil wir uns nicht darüber einig werden können, ob das Vakuum leer ist oder nicht.

Diese Erklärung ist leider deutlich komplizierter, länger und schwerer verständlich, aber dafür auch deutlich weniger nicht ganz richtig als die gängige, die ja eigentlich sogar fast ganz falsch ist. Sollten Sie allerdings jemanden gefunden haben, der Ihnen bis hierher gefolgt und an den Lippen gehangen ist, dann müsste es mit dem Teufel zugehen, wenn Sie jetzt nicht endlich zum Schmusen kommen. ✓

Alle verwendeten Quellen sowie weiterführende Literatur
finden Sie unter **sciencebusters.at**

DANKE!

Marc Abrahams
Henning Beck
Mark Benecke
Karl Brunner
Rolf Caviezel
Christiane Collorio
Matthias Egersdörfer
Giulia Enders
Tim Gfrerer
Alfred Gutschelhofer
Roman Hansi
Herbert Heußerer
Sabine Hossenfelder
Christoph Högenauer
Robert Höldrich

Gerhard Huber
Kerstin und Jakob Jungwirth
Nadine Kemeter
Christian Koth
Leopold Lummerstorfer
Monika Mayer
Christoph Nettersheim
Ruth Oppl
Ben & Leo Pokropek
Martin Polaschek
Stefan Rahmstorf
Matthias Riesenhuber
Martina, Lydia, Valentin Salner
Andrea Schwarz
Stadtsaal Wien

REGISTER

ENDE

»Moder erklärt die bedenklichen Entwicklungen in der Gentechnik mit Humor und Sprachwitz.«

Peter Iwaniewicz, *Falter*

Wie hat die Biologie Sie zu dem wunderbaren Menschen gemacht, der Sie ohne Zweifel sind? Tragen Sie selbst die Verantwortung für Ihre Intelligenz? Oder können Sie die Schuld jemand anderem zuschieben? Das neue Buch von Science-Slam-Europameister Martin Moder entführt uns in die Naturwissenschaft der Zukunft – und klärt dabei spielerisch die bedeutendsten Fragen unserer Zeit. Kann man Weicheier zu Alphatieren machen, indem man ihnen ins Gehirn leuchtet? Darf man eine Genschere am Flughafen mit ins Handgepäck nehmen? Und wie wird man eigentlich weniger blöd? Molekularbiologie auf Nobelpreis-Niveau – vom jüngsten und bestgebauten Science Buster.